# 기초전기 및 디지털회로실험

김성운, 류지열 공저

홍릉과학출판사

# 머 리 말

공학교육에서 실험은 공학에 생명력을 불어넣는다. 고등학교 과정까지에서 과학교육이 실험을 제대로 수반하지 못한 것은 대학입시제도에 그 책임을 돌릴 수도 있겠다. 하지만, 공과대학 교육과정에서조차 실험이 소홀히 취급되고 있는 현실에서 대학과 현장의 괴리감은 커지고, 창의력이 싹틀 기회조차 잃고 있는 것이 작금의 현상이다. 따라서 대학 초급학년에서 실험에 진혀 접근하지 못했던 학생들에게도 실험에 눈을 뜨는 새로운 기회를 마련해야 할 과제를 안고 있다.

이 책은 정보 통신공학 등을 전공하려는 학생들이 전공에 진입할 때 첫 번째로 접하는 과정의 실험들로 책으로 만들었다. 근래의 최소전공학점제나 학부제의 도입 등에 따라 실험교과에의 필요성에 비추어 기초과정의 실험이 소홀히 취급되는 시점에서 그 개편의 필요성이 대두되어 이 책을 기획하게 되었다. 실험 교과과정을 전혀 거치지 못했던 학생들도 쉽게 친숙해지도록 만들려고 애썼으며, 특히 어느 대학에서나 흔히 준비되어 있는 일반적인 기초 실험기자재만으로도 실험할 수 있도록 만들려고 노력하였다. 또한, 가능한 한 깊은 이론을 필요로 하는 물성 분야 등은 배제하고 모델화되어 있는 회로 소자들을 주로 실험에 응용하는 것에 주안점을 두어 고급실험으로의 징검다리가 되도록 하였다. 이 책이 나올 때까지 애를 쓰신 집필진과 출판사 및 관계하신 여러분께 깊은 사의를 드린다.

**2013년 8월**

**저자 올림**

# - 목 차 -

**실험 1. 옴의 법칙 및 키르히호프의 법칙 ······ 1**

1. 실험 목적 ······ 1
2. 기초이론 ······ 1
3. 관련이론 습득 ······ 13
4. 실험기자재 및 부품 ······ 19
5. 실험방법 및 순서 ······ 19
6. 주의사항 및 주요 관찰사항 ······ 22

**실험 2. 최대전력전달 ······ 23**

1. 실험 목적 ······ 23
2. 기초이론 ······ 23
3. 관련이론 습득 ······ 25
4. 실험기자재 및 부품 ······ 26
5. 실험방법 및 순서 ······ 26
6. 주의사항 및 주요 관찰사항 ······ 28

**실험 3. 테브난의 정리 및 중첩의 원리 ······ 29**

1. 실험 목적 ······ 29
2. 기초 이론 ······ 29
3. 관련이론 습득 ······ 34
4. 실험기자재 및 부품 ······ 36
5. 실험방법 및 순서 ······ 37
6. 주의사항 및 주요 관찰사항 ······ 40

**실험 4. RLC 회로 및 필터 ······ 41**

1. 실험 목적 ······ 41

2. 기초이론 ········ 41
3. 관련이론 습득 ········ 66
4. 실험기자재 및 부품 ········ 72
5. 실험방법 및 순서 ········ 72
6. 주의사항 및 주요 관찰사항 ········ 75

**실험 5. 다이오드 ········ 76**

1. 실험 목적 ········ 76
2. 기초이론 ········ 76
3. 관련이론 습득 ········ 78
4. 실험기자재 및 부품 ········ 79
5. 실험방법 및 순서 ········ 79
6. 주의사항 및 주요 관찰사항 ········ 81

**실험 6. 가산기 ········ 82**

1. 실험 목적 ········ 82
2. 기초 이론 ········ 82
3. 실험 예비 보고 ········ 91
4. 실험 기자재 및 부품 ········ 92
5. 실험 방법 및 순서 ········ 92
6. 실험 결과 보고서 ········ 93

**실험 7. 멀티플렉서와 디멀티플렉서 ········ 95**

1. 실험 목적 ········ 95
2. 기초 이론 ········ 95
3. 실험 예비 보고 ········ 99
4. 실험 기자재 및 부품 ········ 99
5. 실험 방법 및 순서 ········ 99
6. 실험 결과 보고서 ········ 101

**실험 8. 인코더와 디코더 ······ 103**

1. 실험 목적 ······ 103
2. 기초 이론 ······ 103
3. 실험 예비 보고 ······ 109
4. 실험 기자재 및 부품 ······ 110
5. 실험 방법 및 순서 ······ 110
6. 실험 결과 보고서 ······ 111

**실험 9. 플립플롭의 응용 ······ 112**

1. 실험 목적 ······ 112
2. 기초 이론 ······ 112
3. 실험 예비 보고 ······ 122
4. 실험 기자재 및 부품 ······ 123
5. 실험 방법 및 순서 ······ 123
6. 실험 결과 보고서 ······ 125

# 실험 1 옴의 법칙 및 키르히호프의 법칙

## 1. 실험 목적

본 실험을 통해

- 기초전자회로 실험과 관련된 중요한 용어에 대해 알아본다.
- 색 코드에 따른 저항 값 판별을 익힌다.
- 전기회로에서 전압과 전류, 저항의 관계를 이해한다.
- 저항소자에 흐르는 전류관계를 확인하여 키르히호프의 법칙을 이해한다
- 직 · 병렬 회로에서 전류와 전압 그리고 저항의 관계를 이해한다.
- 옴의 법칙과 키르히호프 법칙을 이용하여 측정값을 이론적으로 확인해 본다.
- 실험에 사용되는 실험기구의 사용법을 익힌다.

## 2. 기초이론

### 1.1. 전하

전기장을 유발시키는 원인. 보통 $q$로 표기한다. 전하의 기본 단위는 쿨롱 (C)이고 전하를 띤 입자들 사이에는 힘이 작용한다. 전자 1개가 갖는 전하량은 $-1.6\times10^{-19}$[C]이다. 1[C]의 전하를 띤 두 개의 입자가 1[m] 만큼 떨어져 있을 때 서로 간에 밀치는 힘은 대략 $9\times10^{9}$[N]이나 된다.

### 1.2. 전류

전하의 흐름. 보통 $I$로 표기한다. 전류의 기본 단위는 암페어 [A]이고, 1[A]는 1초 동안에 1[C]의 전하가 흘러갈 때를 말한다. 따라서 $I=dq/dt$ 로 나타낼 수 있다.

### 1.3. 전류밀도

단위 면적 당 흘러가는 전류의 양. 보통 $J$로 표기하며, $J=I/A$ (전류/면적)가 된다.

## 1.4. 전위차 (전압차)

전기장이 있는 공간에서 전하를 띤 입자의 위치 에너지의 차이를 말한다. 1 쿨롱(C)의 전하를 1 볼트(V)의 전위차가 있는 지점으로 이동시키면 1 주울(joule 또는 J)의 위치 에너지를 얻게 된다. (이것은 중력장이 있는 공간, 예를 들어 중력가속도가 9.8m/s2인 지구 표면에서, 1Kg의 물체를 1m 높은 곳으로 이동시켰을 때, 9.8[J]의 위치에너지를 얻는 것에 비유될 수 있다.) 즉, 미소 전하량을 $\Delta q$[C], 전위차를 $V$[V]로 나타내면, $\Delta q$를 $V$만큼의 차이가 있는 곳으로 이동시킨 후에 $\Delta W = V \times \Delta q$ [J] 만큼의 에너지를 얻게 되는 것이다. 일반적으로 전위차는 $V = dW/dq$ 로 쓸 수 있다.

## 1.5. 접지 (0 전위)

역학에서 위치에너지를 정의할 때, 위치에너지가 0인 기준 위치를 정의하는 것처럼, 전기 포텐셜, 즉 전위를 이야기할 때에도 기준 0 전위를 정의할 필요가 있다. 예를 들어, 전기 회로의 어떤 지점이 5 V라고 말할 때에는 어떤 기준 0 전위에 비해 그 지점의 전위차가 5 V라는 의미이다. 기준 전위를 정의하지 않으면, 항상 "전위차"만을 이야기해야 한다. 공학에서의 기준 0전위는 지표면으로 설정하는 것이 보통이다. 따라서 이를 접지(ground)점이라고도 말하면 [그림 1-1]과 같이 여러 가지로 나타낸다. 위치에너지가 높은 곳에 있는 물체는 낮은 곳으로 떨어지는 것과 마찬가지로, 전하를 공간적으로 구속하는 것이 없다면, 높은 전위에 있는 전하는 항상 낮은 전위 쪽으로 흐르게 된다. 즉 전류가 흐르는 것이다.

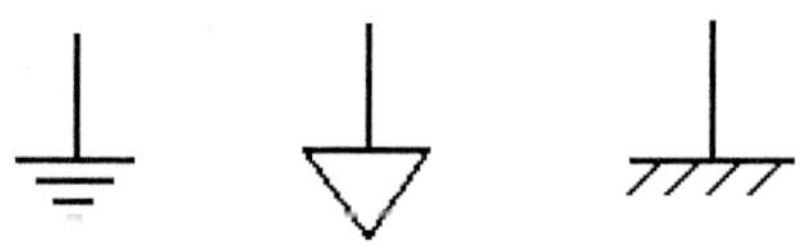

[그림 1-1] 세 가지 다른 접지의 표기

## 1.6. 저항

전위차가 있는 공간에서 전하가 얼마나 흐르기 어려운가를 나타내는 양으로 $R$로 표기한다. 간단히 두 지점 사이에 $\Delta V$의 전위차가 있을 때 $\Delta I$만큼의 전류가 흐른다면 $\Delta I/\Delta V$의 역수를 그 두 지점사이의 저항$R$로 정의한다. 즉, 일반적으로 $R = dV/dI$ 이다. (바꾸어 생각하면, 두 지점 사이에 $\Delta I$만큼의 전류를 흘릴 때, $\Delta V$의 전위차가 발생할 때를 생각해도 된다.) 저항의 단위 그러니까 $V/A$를 옴(Ohm)으로 부르고, $\Omega$(그리스 문자 Omega)로 표기한다.

## 1.7. 전압원

두 단자 사이에 전압차를 유발하는 장치나 소자. 이 소자에 전류가 얼마나 흐르는지에 관계없이 일정한 전압차를 유발하면, 이를 "직류 전압원"이라고 부르고, 전압차가 시간에 따라 주기적으로 변하면 "교류 전압원"이라고 부른다. [그림 1-2]에 직류 전압원을 의미하는 기호와 그의 전류-전압(I-V)특성을 나타내었다.

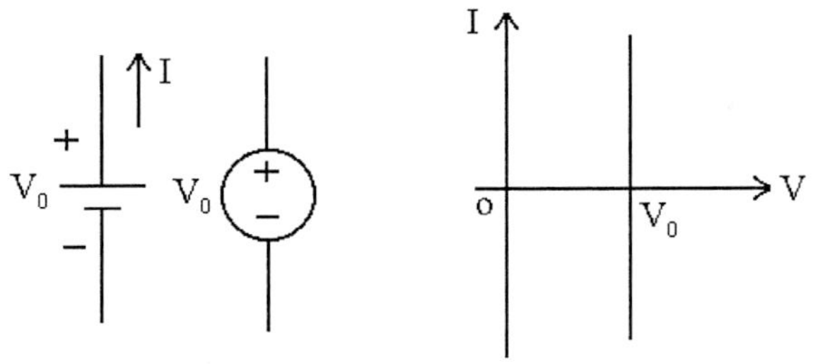


[그림 1-2] 이상적인 직류 선압원과 그의 I-V 특성

## 1.8. 전류원

두 단자 사이에 전류를 흐르게 하는 장치나 소자. 이 소자에 전압이 얼마나 걸리는지에 관계없이 일정한 전류를 흐르게 하면, 이를 "직류 전류원"이라고 부르고, 전류가 시간에 따라 주기적으로 변하면 "교류 전류원"이라고 부른다. [그림 1-3]에 직류 전류원을 의미하는 기호와 그의 전류-전압(I-V)특성을 나타내었다.

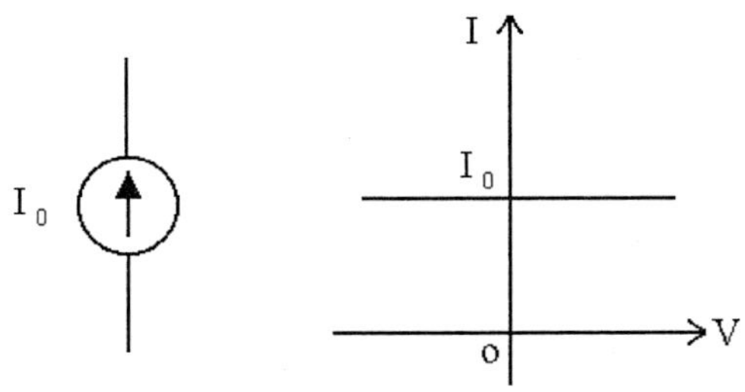


[그림 1-3] 이상적인 직류 전류원과 그의 I-V 특성

## 1.9. 저항성 부하 (저항체 또는 단순히 저항)

흐르는 전류의 양에 관계없이 어떤 일정한 저항 값을 갖는 소자. 이 소자에 전류가 흐르면 열이 발생되어 에너지가 소비된다. 이 소자의 회로 기호와 i-v 특성을 [그림 1-4]에 나타내었다. 이 저항성 부하가 갖는 저항이 $R$이라면 [그림 1-4]

에서 직선의 기울기가 바로 $R$이 된다. 저항성 부하에서는 i-v 특성은 단순히 $V=RI$로 표기할 수 있고 이를 Ohm의 법칙이라고 부른다.

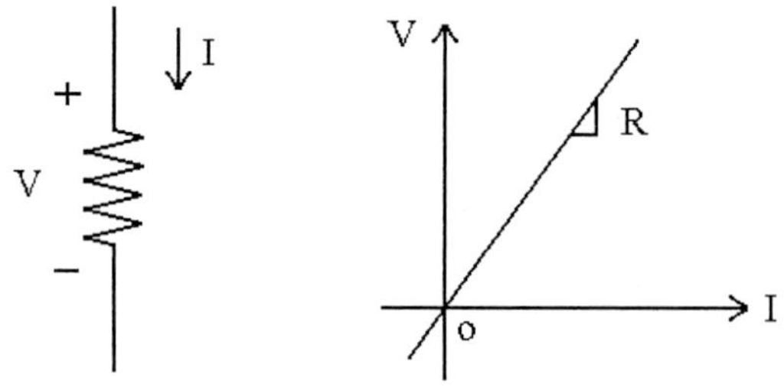

[그림 1-4] 저항과 그의 I-V 특성

## 1.10. 저항에서의 전력소모

전력 소모란 단위시간당 소비되는 에너지(일)이다. 이를 $P$로 표기하면 $P=dW/dt=(dW/dq)\times(dq/dt)=VI$ [J/s]가 된다. Ohm의 법칙 $V=RI$를 이용하면, $P=I^2R=V^2/R$ 로 쓸 수 있다.

## 1.11. 단락회로 및 개방회로 (R=0 및 R=∞)

두 단자 사이에 저항이 0인 이상적인 도선으로 연결될 때, 두 단자가 단락 되었다고 말한다. 이 때 두 단자 사이에 아무리 많은 전류가 흘러도 그 사이의 전압차는 $V=RI=0\times I=0$ 이 된다. 그리고 회로의 두 단자가 어떠한 소자로도 연결되어 있지 않고 끊어진 상태일 때, 이를 개방회로라고 말한다. 개방회로의 저항은 $\infty$가 되어 어떠한 전압이 걸려도 흐르는 전류는 $I=V/R=V/\infty=0$ 이 된다.

## 1.12. 용량성 부하 (또는 단순히 커패시터)

절연된 두 도체판 사이에 전하를 축적할 수 있는 소자. 축적되는 전하의 양은 걸어주는 전압에 비례한다. 즉, $q=CV$이고 비례상수는 도체판의 넓이나 도체판 사이의 거리등과 같은 물리적 구조에 의해 결정되는 상수로, 이 두 도체판의 커패시턴스라 부른다. 두 도체 판 사이의 저항은 개방회로와 마찬가지로 $\infty$이므로 전류가 흐를 수 없을 것 같지만, 인가전압이 시간에 따라 변하면, 이에 따라 전류가 흐른다.$C$ (물론 직류 전압이 걸리면 전류는 흐르지 않는다.) 전압이 시간에 따라 변하면, 이에 비례해서 절연된 두 도체 판 사이에 양과 음의 전하들이 축적되어 들어가므로 (또는 축적된 전하들이 흘러나오므로) 전류가 흐르는 꼴이 되는 것이다. 이 때 흐르는 전류의 양은 $I = dq/dt = C(dV/dt)$ 로 두 도체 판 사이에 걸리는 전압의 시간 변화율에 비례한다. 커패시터의 기호와 I-V 특성을 [그림 1-5]에 나타내었다.

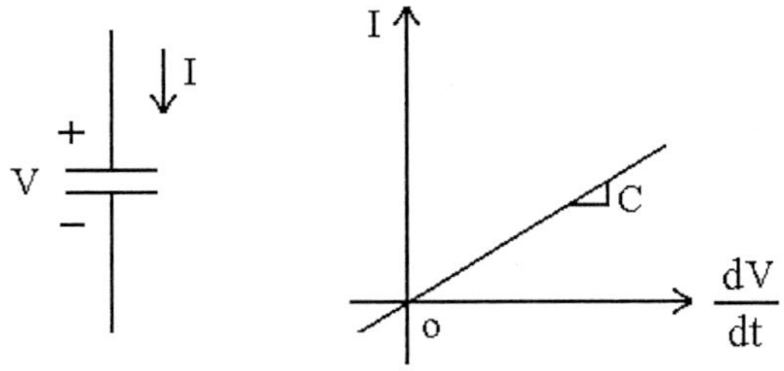


[그림 1-5] 커패시터와 그의 I-V 특성

## 1.13. 커패시터에서의 에너지 축적

시간이 0에서 $t$까지 흐르는 동안 커패시터에 축적된 에너지는, $P = dW/dt = VI$ 으로부터, $W = \int dW = \int_0^t VIdt$ 이 된다. 그런데 $Idt = dq$ 이고 $q = CV$ 에서 $dq = CdV$ 가 된다 ($C$는 상수). 따라서 시간에 대한 이 적분을 전압에 대한 적분으로 고치면 (변수치환하면) $W = \int_0^V CVdV$ 이 된다. 단, $t = 0$ 일 때 $V = 0$ 이라고 (즉, 커패시터에 미리 축적되어 있는 에너지는 없다 라고) 가정하였다. 이 적분으로부터 $W = (1/2)CV^2$ 임을 알 수 있다. 커패시터에 전압이 걸리면 전하가 축적되고, 또 정전 에너지가 축적됨을 알 수 있다.

## 1.14. 유도성 부하 (또는 단순히 인덕터)

코일의 형태로 자기장 에너지를 저장하는 소자. 코일에 축적되는 총 자속(magnetic flux) $\Phi$는 코일에 흐르는 전류에 비례한다. 따라서 $\Phi = LI$ 라고 쓸 수 있다. 여기서 $L$은 코일의 감긴 회수와 반경 등과 같은 물리적 구조에 의해 결정되는 상수로 이 코일의 자기(self) 인덕턴스라고 부른다. Faraday의 법칙에 따라 자속이 시간적으로 변하면 전압(전기장)이 유기된다. (변압기에서는 코일 사이의 상호 인덕턴스를 이용한다.) 이때 전압의 극성이 중요한데 [그림 1-6]에서와 같이 극성의 방향을 잡으면 $V = d\Phi/dt = LdI/dt$ 로 쓸 수 있다. 즉 코일은 단락회로와 같은 꼴이어서 아무리 전류가 흘러도 전압이 0이 될 것 같지만, 흐르는 전류가 시간에 따라 증가(또는 감소)하면 Lenz의 법칙에 따라 전류의 흐름을 방해하는

효과가 발생하고 전압이 유도된다. 그러나 저항과 같이 열로 소모되는 것이 아니고 자기장의 형태로 에너지가 축적되는 것이다. 물론 직류 전류가 흐르면 유도되는 전압은 0이다. [그림 1-6]에 인덕터의 I-V 특성도 함께 나타내었다.

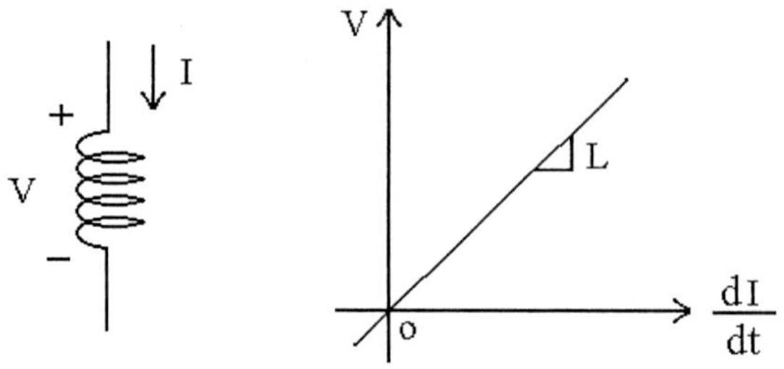


[그림 1-6] 인덕터와 그의 I-V 특성

## 1.15. 커패시터에서의 에너지 축적

시각 $t=0$ 에서 코일에 흐르는 전류가 0이었다고 하자. 이때 전류가 흐르기 시작하였다면, 임의의 시각 $t$ 에서 이 인덕터에 축적된 에너지는 $W=\int_0^t VIdt$ 이고, $V=LdI/dt$ 에서 $Vdt=LdI$ 이므로 변수 치환하면 $W=\int_0^I LIdI=(1/2)LI^2$ 이 됨을 알 수 있다.

## 1.16. Ohm의 법칙

저항은 전하의 흐름을 방해하는 소자나 그러한 소자의 전기적 특성을 나타내는 용어로서 통상적으로 기호 $R$로 표기한다. 물질마다 전하의 흐름을 방해하는 정도가 다른데, 예를 들어 구리 같은 경우에는 저항이 작기 때문에 전기를 전달하는 선노제(conductor)로 많이 사용되지만 폴리스틸렌은 저항이 매우 크기 때문에 전기의 전달을 차단하는 부도체로 많이 사용한다.

Ohm은 단면적이 일정한 도선과 축전지로 구성된 회로에 흐르는 전류 $i$가 다음과 같이 표현될 수 있음을 증명한 바 있다.

$$i=\frac{Av}{\rho L} \tag{1}$$

여기에서 $A$는 도선의 단면적을 나타내고, $v$는 도선 양단에 걸리는 전압을 나타내며, $\rho$는 도선의 물리적 저항 특성을 나타내는 고유 저항값을 나타낸다. 그리고 $L$는 도선의 길이를 나타낸다. 이로부터 Ohm은 저항 $R$을 다음과 같이 새로이 정의하였다.

$$R = \frac{\rho L}{A} \tag{2}$$

식 (1-2)를 이용하면 앞서 언급한 도선 양단에 걸리는 전압 $v$와 전류 $i$의 관계는 다음과 같이 간략하게 표현할 수 있다.

$$v = Ri \tag{3}$$

이때 저항 $R$의 단위는 ohm 이다. 식 (1-3)에서 보는 바와 같이 저항 $R$은 전압과 전류의 비율을 나타내는 일종의 비례 상수가 됨을 알 수 있다. 이 식에서 전류 $i$와 전압 $v$는 모두 스칼라(scalar) 형태이기 때문에 각자의 방향에 대한 상호관계가 생략되어 있지만 묵시적으로 전류의 방향은 전압이 높은 곳에서 낮은 곳으로 향하는 것으로 가정하며, 일반적으로 [그림 1-7]과 같이 표현한다. 일반적으로 저항값이 $R$인 저항 소자의 양단에 전압 $v$를 가하면 크기가 $R/v$인 전류가 흐르게 되는데 이러한 전압 전류 관계를 그래프로 나타낸 것이 [그림 1-8]이다. 그림에서 보면 전압 전류가 선형적으로 나타나는 전압 구간이 있고 그렇지 않은 구간이 있는데 이는 사용하는 저항 소자의 동작 영역에 제한이 존재하기 때문이다.

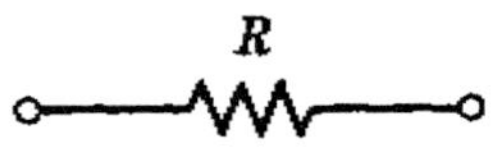


[그림 1-7] 전류와 전압의 방향

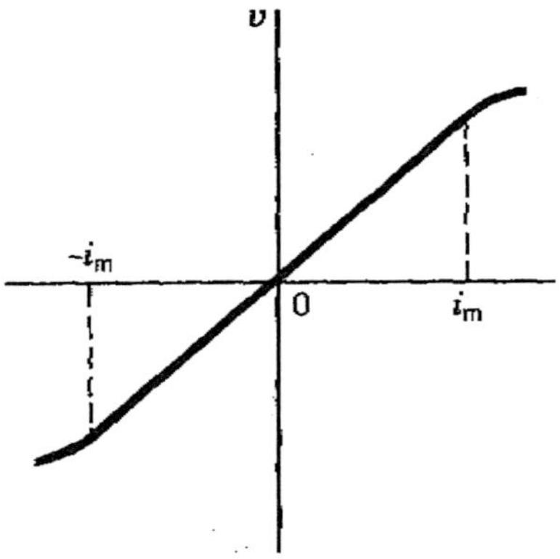


[그림 1-8] 전압과 전류의 관계

저항값 $R$의 역수를 일반적으로 컨덕턴스(conductance) $G$라고 하는데, 이 표기를 사용하면 Ohm의 법칙은 다음과 같이 표현할 수 있다.

$$i = Gv \tag{4}$$

여기에서 컨덕턴스 $G$의 단위는 지멘스(siemens) S 이다.

## 1.17. 키르히호프의 전류법칙(Kirchhoff's current law : KCL)

회로망에서 임의의 접합점(node)에 흘러 들어오고 나가는 전류의 대수적 합은 0 이다. 이를 엄밀하게 증명하는 것은 본 과정의 범위를 벗어나므로 간략하게 언급하고자 한다. [그림 1-9]에서 접합점을 둘러싸고 있는 전하량 $Q$를 갖는 체적이 $V$인 폐곡면 $S$를 고려해 보자. $V$로 들어오는 총 전류는 $S$를 통과하는 전류의 대수적인 합 $I_1+I_2+I_3$과 같으며, 전하량 $Q$는 $I_1+I_2+I_3$ C/s의 비율로 증가한다.

즉

$$I_1+I_2+I_3 = \frac{dQ}{dt} \tag{5}$$

여기서 체적 $V$를 점점 줄여서 접합점만 $V$내부에 존재하게 만들면, 이 접합점에서는 전하가 저장, 소멸, 생성될 수가 없으므로, $dQ/dt=0$가 되어서 다음과 같은 관계를 얻게 된다.

$$I_1+I_2+I_3 = 0 \tag{6}$$

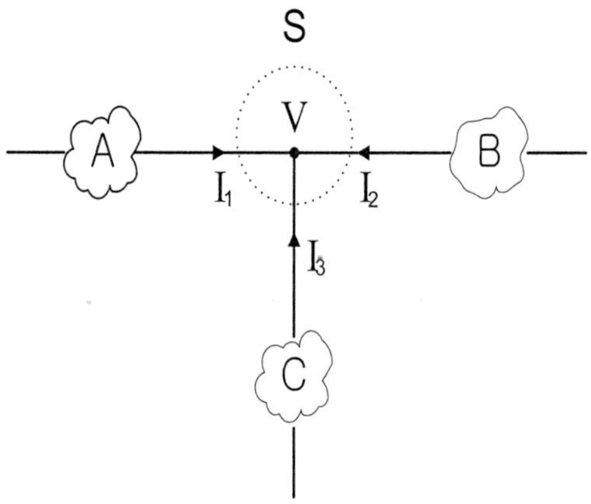


[그림 1-9] 접합점에서의 전하량 보존

한편, 이 법칙을 적용하는데 있어서 접합점으로 들어오는 전류와 나가는 전류의 부호는 달리 생각하여야 하며, 들어오는 전류를 양(+) 나가는 전류를 음(-)으로 간주하면 [그림 1-10]의 접합 점에서는 다음과 같은 식이 성립한다.

$$I_1 + I_2 - I_3 - I_4 = 0 \tag{7}$$

이를 일반화하면

$$I_1 + I_2 + \cdots + I_N = \sum_{n=1}^{N} I_n = 0 \tag{8}$$

이 성립된다.

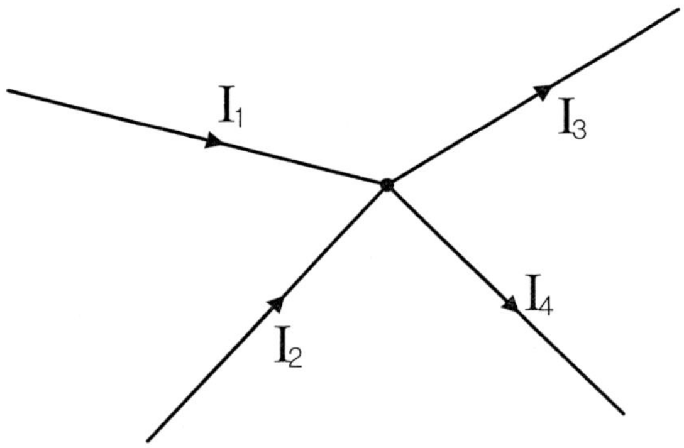


[그림 1-10] 키르히호프의 전류법칙

## 1.18. 키르히호프의 전압법칙(Kirchhoff's voltage law : KVL)

회로망에서 임의의 폐회로를 한 방향으로 일회전하면서 취한 전압강하의 대수적 합은 영이다.

즉

$$V_1 + V_2 + \cdots + V_N = \sum_{n=1}^{N} V_n = 0 \tag{9}$$

이 법칙의 적용함에 있어서 회전방향으로의 전압상승은 양(+)으로, 전압강하는 음(-)으로 간주하여야 한다. [그림 1-11]의 회로에서 시계방향으로 회전하면서 이 법칙을 적용하면

$$-V_1 + V_2 + V_3 - V_4 = 0 \tag{10}$$

이 성립한다. 이 식을 달리 표현하면

$$V_1 + V_4 = V_2 + V_3 \tag{11}$$

가 되며, 좌변은 시계방향으로의 전압강하 우변은 시계방향으로의 전압상승을 의미한다. 따라서 이 법칙은 다음과 같이 표현될 수도 있다. 즉, 임의의 폐회로에서 한 방향으로 일회전하면서 취한 전압강하의 합은 전압상승의 합과 같다.

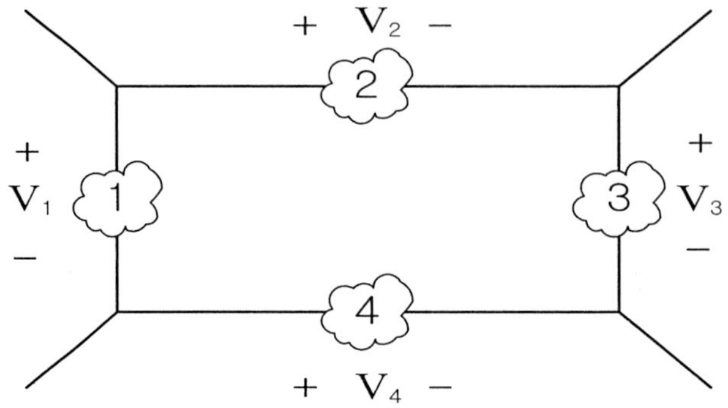


[그림 1-11] 키르히호프의 전압법칙

## 1.19. 직렬회로의 저항

회로망에서는 일반적으로 여러 개의 저항이 직렬, 병렬 또는 직·병렬 혼합으로 결선되어 있다. 이러한 회로망에서 흐르는 전류 및 가해지는 전압을 구하고 제어하는 데 있어서 직·병렬회로의 저항을 이해하는 것이 매우 중요하다.

[그림 1-12(a)]의 회로에서는 3개의 저항 $R_1$, $R_2, R_3$가 직렬로 연결되어 있다. 이 3개의 저항을 [그림 1-12(b)]와 같이 한 개의 저항 $R_{eq}$로 대치하고자 한다고 가정하자. [그림 1-12(a)]의 회로에 키르히호프의 전압법칙과 옴의 법칙을 적용하면 다음과 같은 식을 얻는다.

$$\begin{aligned} V_s &= V_1 + V_2 + V_3 \\ &= R_1 I + R_2 I + R_3 I \\ &= (R_1 + R_2 + R_3) I \end{aligned} \tag{12}$$

이 결과를 [그림 1-12b]에서 성립하는 간단한 방정식

$$V_s = R_{eq} I \tag{13}$$

와 비교하면 다음과 같은 등가저항을 얻을 수 있다.

$$R_{eq} = R_1 + R_2 + R_3 \tag{14}$$

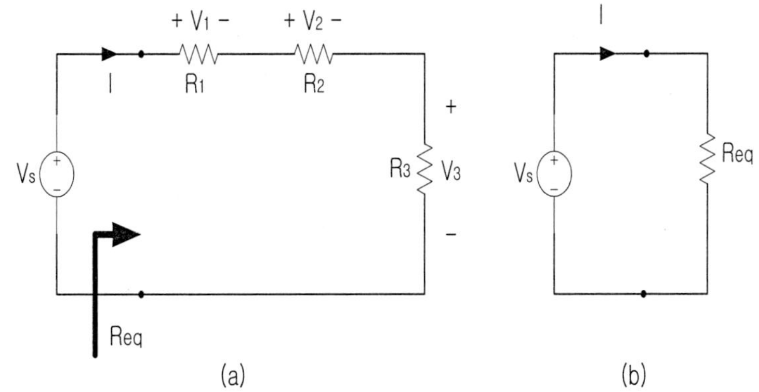


[그림 1-12] 직렬회로

## 1.20. 병렬회로의 저항

직렬회로에서 성립되는 관계식은 병렬회로에도 비슷하게 적용될 수 있다. 저항 $R_1$, $R_2$, $R_3$가 병렬로 연결되어 있는 [그림 1-13(a)]에 키르히호프의 전류법칙과 옴의 법칙을 적용하면 다음과 같은 관계식이 성립한다.

$$\begin{aligned} I &= I_1 + I_2 + I_3 \\ &= \frac{V_s}{R_1} + \frac{V_s}{R_2} + \frac{V_s}{R_3} \\ &= \left(\frac{1}{R_1} + \frac{1}{R_2} + \frac{1}{R_3}\right) V_s \end{aligned} \tag{15}$$

이를 [그림 1-13(b)]의 등가회로에서 성립하는 식

$$I = \frac{V_s}{R_{eq}} \tag{16}$$

와 비교하면 다음과 같은 등가저항을 얻을 수 있다.

$$\frac{1}{R_{eq}} = \frac{1}{R_1} + \frac{1}{R_2} + \frac{1}{R_3} \tag{17}$$

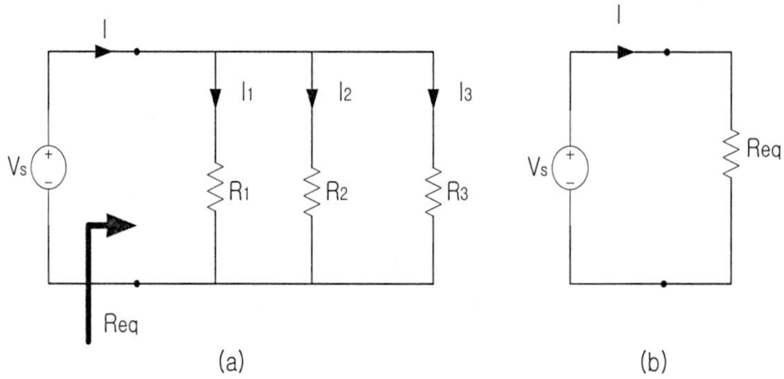


[그림 1-13] 병렬회로

## 1.21. 직·병렬 회로의 저항

[그림 1-14(a)]와 같은 직·병렬회로에서는 직렬 및 병렬 회로에서 성립하는 관계식을 조합하면 원하는 결과를 도출할 수 있다. 먼저 $R_2$와 $R_3$는 병렬회로를 구성하고 있으므로, 이들의 등가저항 $R_2 \| R_3$는

$$R_2 \| R_3 = \frac{R_2 R_3}{R_2 + R_3} \left(\text{즉}, \frac{1}{R_2 \| R_3} = \frac{1}{R_2} + \frac{1}{R_3}\right) \tag{18}$$

로 주어진다. 또한 $R_1$과 $R_2 \| R_3$는 직렬회로를 구성하고 있으므로 [그림 1-14(b)]의 전체회로 등가저항 $R_{eq}$는 다음 식을 만족한다.

$$\begin{aligned} R_{eq} &= R_1 + R_2 \| R_3 \\ &= R_1 + \frac{R_2 R_3}{R_2 + R_3} \end{aligned} \tag{19}$$

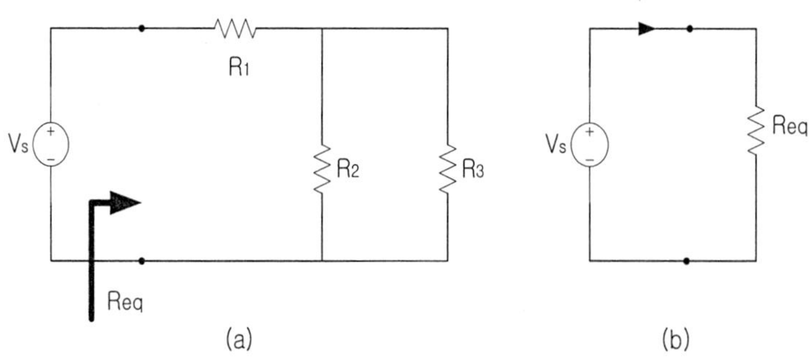


[그림 1-14] 직·병렬회로

# 3. 관련이론 습득

## 3.1. 저항의 값은 보통 색 코드로 표기한다. <표 1-1>을 보고 색 코드를 암기하여 저항 값을 읽는 방법을 익힌다.

<표 1-1> 저항의 색 코드 및 오차

| 색 코드 | 대응하는 수 | 색 코드 | 대응하는 오차범위 |
|---|---|---|---|
| 흑 색 (black) | 0 | 금 색 (gold) | 5% |
| 갈 색 (brown) | 1 | 은 색 (silver) | 10% |
| 적 색 (red) | 2 | 표시없음 | 20% |
| 등 색 (orange) | 3 | | |
| 황 색 (yellow) | 4 | | |
| 녹 색 (green) | 5 | | |
| 청 색 (blue) | 6 | | |
| 자 색 (violet) | 7 | | |
| 회 색 (gray) | 8 | | |
| 백 색 (white) | 9 | | |

저항에는 보통 4개의 띠가 있는데, 첫 번째 띠와 두 번째 띠는 숫자를 나타내고 세 번째 숫자는 10의 지수를 의미한다. 네 번째 띠는 오차를 표현하며 없을 수도 있다. 단위는 Ω이다.

예)

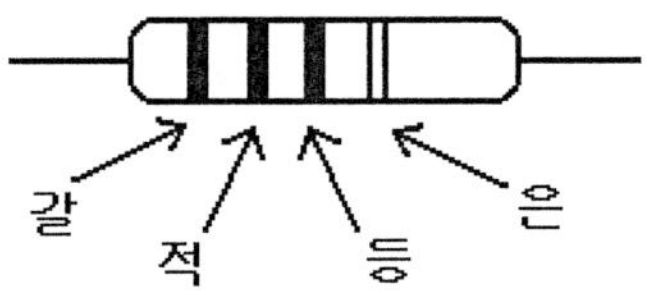


갈색 (1)　　적색 (2)　　등색 (3)　　은색

$12 \times 10^3$ Ω $=$ 12 kΩ　　　　오차=10%

## 3.2. 커패시터의 경우 3자리 숫자로 표현하거나 그대로 표현한다. 단위가 없으면 pF (pico farad) 즉 $10^{-12}$ F를 기준 단위로 사용한다. μF (micro farad) 즉 $10^{-6}$ F를 사용할 경우 단위까지 반드시 표기한다.

3자리 숫자를 사용할 때에는 저항과 마찬가지로 첫 번째와 두 번째 숫자는 각 자리수를 의미하고 세 번째 숫자는 10의 지수를 의미한다. 100 pF 이하는 보통 그대로 표현한다.

예) 103

이는 $10 \times 10^3$ pF 이므로 $10^4 \times 10^{-12} = 10^{-8}$ F이고 따라서 0.01㎌를 의미한다.

예) 47

이는 47pF를 의미한다.

예) 100 ㎌

이는 표시된 대로 100㎌ 이다.

**3.3.** 인덕터의 단위는 H(henry)이고, 인덕턴스의 값은 수 $\mu$H에서 수 mH까지 직접 숫자로 표기하므로 그대로 읽으면 된다.

**3.4.** 일반적으로 실험대에는 디지털 멀티미터(digital multimeter: DMM) 및 (또는) 아날로그 멀티미터(analog multimeter: AMM)가 준비되어 있다. AMM은 때로 VOM(volts, ohms, milliammeter)이라 부르기도 하고 간단히 "멀티미터"라고도 부른다. AMM은 moving coil 로 이루어져 있으며 오래 전부터 많이 사용해 왔으나, 요즘은 AMM보다 편리하고 정확한 DMM가 많이 쓰이고 있다. 저항, 전압, 전류를 측정하기 전에 반드시 사용 목적에 맞도록 계기의 전환 스위치인 휠을 돌려야 한다. 특히 AMM으로 저항을 잴 때에는 0 옴일 때 바늘의 눈금이 0이 되도록 0점 조정이 필요하다.

### 3.5. 전원 공급기 (power supply)

여러 가지 전압을 낼 수 있는 정전압 공급기가 실험을 위해 제공된다. 일반적으로는 가변적인 +, - 양전원과 고정된 +5V이 공급된다.

### 3.6. 기판 (Breadboard)

여러 가지 소자를 꽂아서 쓸 수 있도록 제작되어 있다. 어떤 구멍끼리는 단락되어 있고 어떤 구멍끼리는 개방되어 있다.

3.7. **Ammeter(AM)**는 부하에 흐르는 전류의 양을 측정하는 계기이다. **AM**은 부하에 직렬로 연결해야 하는가? 아니면 병렬로 연결해야 하는가? 이 연결을 스케치 해 보라.

3.8. **Voltmeter(VM)**는 부하에 걸리는 전압의 크기를 측정하는 계기이다. **VM**은 부하에 직렬로 연결해야 하는가? 아니면 병렬로 연결해야 하는가? 이 연결을 스케치 해 보라.

3.9. **Ohmmeter(OM)**는 저항을 측정하는 계기이다. 이것이 저항을 측정하는 메카니즘은 계기자체에서 기준 전압을 걸고 이때 흐르는 전류를 측정함으로써 저항을 측정한다. 저항 값을 측정하기 위해서는 어떻게 연결해야 하는지 스케치하라.

3.10. 저항 **1MΩ 470kΩ, 10kΩ,** 그리고 **330Ω**의 색 코드는 무엇인가?

3.11. **(Ohm**의 법칙) 다음 그림에 나타낸 바와 같은 회로가 있다.

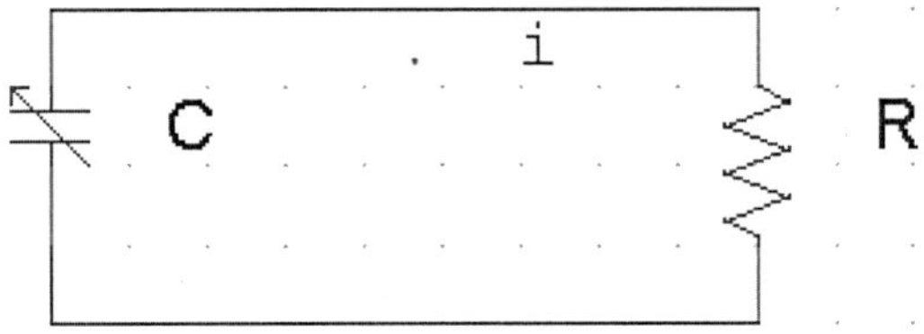


[그림 1-15] ohm의 법칙을 설명하는 회로

3.12. **[**그림 **1-15]**에서 저항에 흐르는 전류가 다음과 같이 변화할 때 해당 저항을 계산하여 표를 완성하시오.

<표 1-2> 전류와 저항과의 관계

| 전원 전압(V) | 10 | 10 | 10 | 10 |
|---|---|---|---|---|
| 저항 전류(mA) | 1 | 2 | 3 | 4 |
| 저항(kΩ) | | | | |

**3.13. (키르히호프의 법칙) [그림 1-16]의 회로에서** $I_1$ **,**$I_2$ **및** $I_3$**를 각각 구하라. 여기서 사용되는 저항을 다음과 같다. 여기서,** $R_1$**= 1kΩ,** $R_2$**= 3.3kΩ,** $R_3$**= 4.7kΩ이다.**

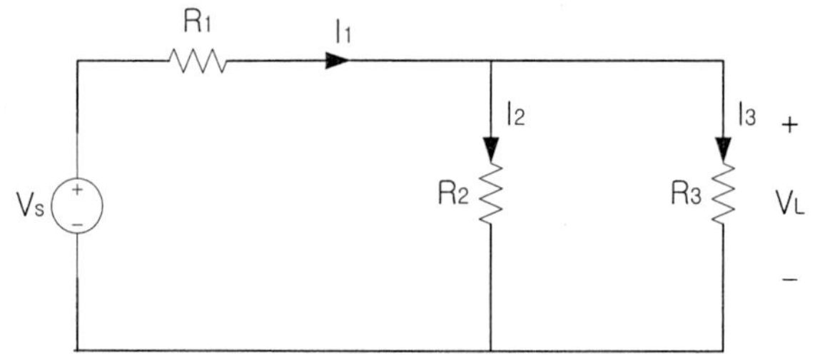


[그림 1-16]

**3.14. [그림 1-17]의 회로에서** $V_1$**,** $V_2$ **및** $V_3$**를 각각 구하라. 여기서 사용되는 저항은 다음과 같다. 여기서**$R_1$**= 1kΩ,** $R_2$**= 3.3kΩ,** $R_3$**= 4.7kΩ이다.**

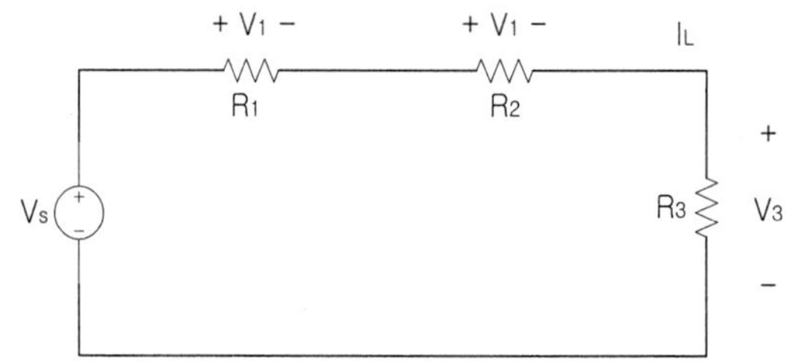


[그림 1-17] KVL 실험을 위한 회로

**3.15.** [그림 1-18]와 같은 직렬회로에서 등가저항 $R_{eq}$를 구하라. 여기서 $R_1$= 100Ω, $R_2$= 330Ω, $R_3$= 470Ω이다.

**3.16.** [그림 1-19]와 같은 병렬회로에서 등가저항 $R_{eq}$를 구하라. 여기서 $R_1$= 100Ω, $R_2$= 330Ω, $R_3$= 470Ω 이다.

**3.17.** [그림 1-20]과 같은 직·병렬회로에서 등가저항 $R_{eq}$를 구하라. 여기서 $R_1$= 1kΩ, $R_2$= 100Ω, $R_3$= 3.3kΩ, $R_4$= 330Ω, $R_5$= 4.7kΩ, $R_6$= 470Ω 이다.

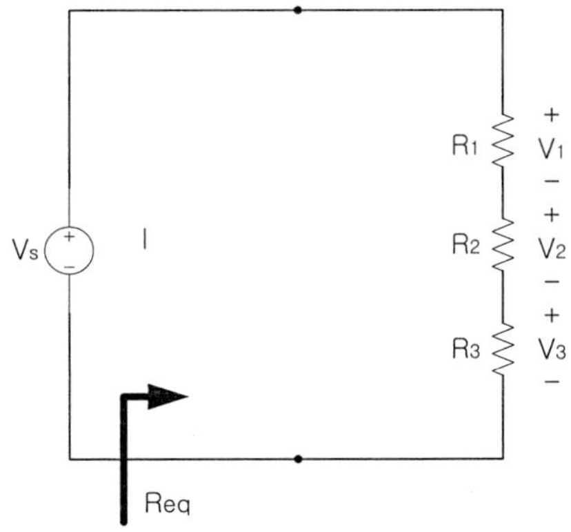


[그림 1-18] 직렬저항 실험을 위한 회로

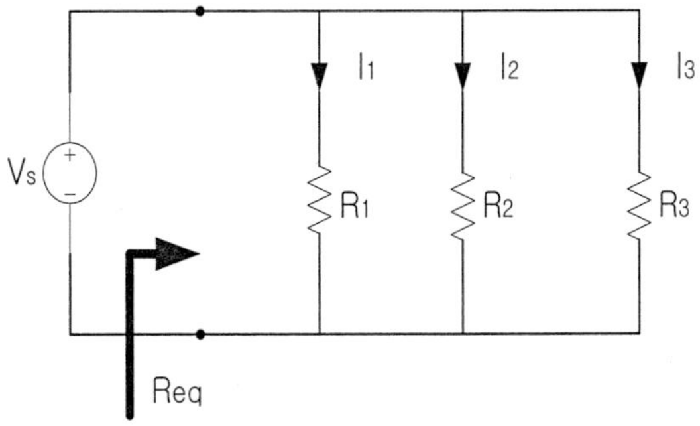


[그림 1-19] 병렬저항 실험을 위한 회로

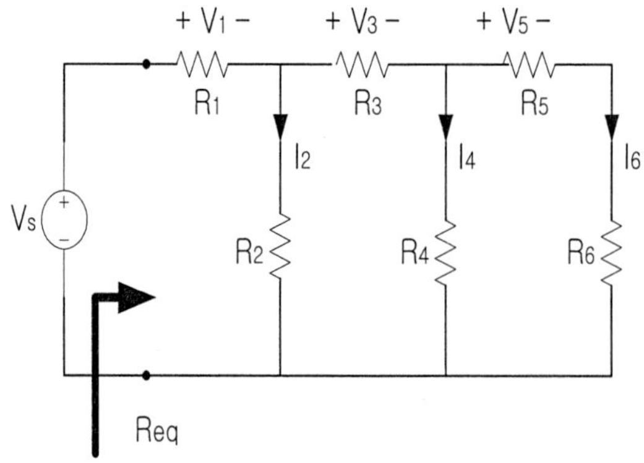


[그림 1-20] 직·병렬저항 실험을 위한 회로

# 3. 실험기자재 및 부품

## 3.1. 사용기기

- 오실로스코프
- 디지털 멀티미터
- 전원공급기

## 3.2. 사용부품

- 저 항 : 4.7Ω, 1kΩ, 3.3kΩ, 4.7kΩ, 10kΩ

# 4. 실험방법 및 순서

## 4.1. 다음과 같은 실험 회로를 구성하시오.

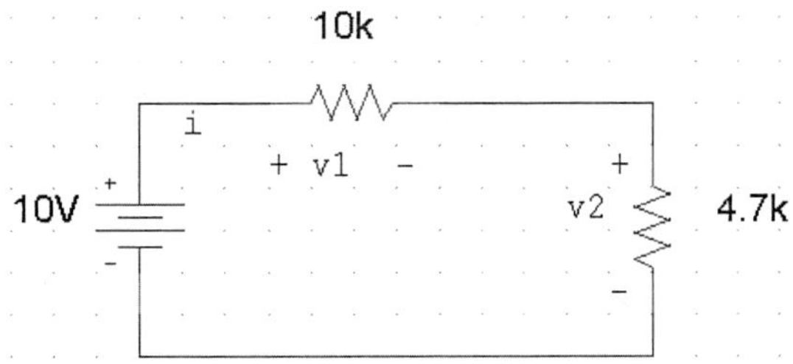


## 4.2. 전류 i의 값을 측정하시오.

## 4.3. 두 개의 저항 양단에 걸리는 전압의 크기를 측정하시오

## 4.4. 5.2, 5.3의 결과로부터 저항을 계산하시오.

**4.5.** 실험에 사용되는 저항을 실제로 측정한 후, 다음의 회로를 구성한다. $R_1$= **1kΩ**, $R_2$= **3.3kΩ**, $R_3$= **4.7kΩ**

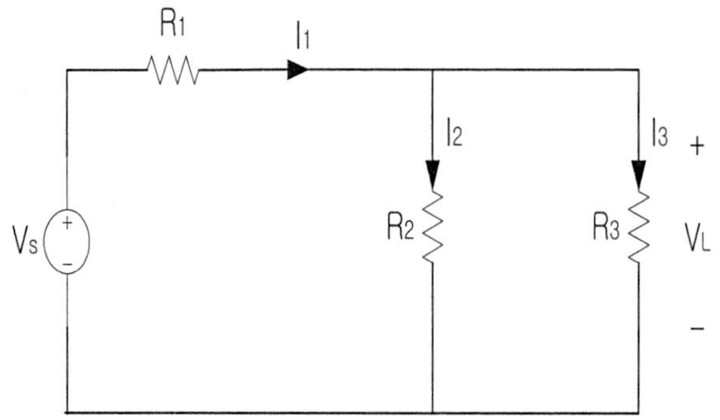


**4.6.** 입력전압 $V_s$를 **5V**로 조정하고 회로에 흐르는 전류 $I_1$, $I_2$ 및 $I_3$를 측정하여 <표 **1-3(a)**>에 기록한다.

<표 1-3(a)>

| 입력전압(V) | $I_1$ (mA) | $I_2$ (mA) | $I_3$ (mA) | 오차 |
|---|---|---|---|---|
| | | | | |
| | | | | |
| | | | | |

**4.7.** $I_1 = I_2 + I_3$가 성립하는지 확인한다.

**4.8.** 입력전압을 **10V**와 **15V**로 상향조정하고 실험과정 **5.6**과 **5.7**을 반복하여 <표 **1-3(a)**>에 기록한다.

**4.9.** 저항 $R_3$를 **10kΩ**으로 교체한 후 **5.6 - 5.8**을 반복하여 **<표 1-3(b)>**에 기록한다.

<표 3-1(b)>

| 입력전압(V) | $I_1$ (mA) | $I_2$ (mA) | $I_3$ (mA) | 오차 |
|---|---|---|---|---|
| | | | | |
| | | | | |
| | | | | |

**4.10.** 다음과 같이 회로를 구성한다.

- $R_1$= 1kΩ, $R_2$= 3.3kΩ, $R_3$= 4.7kΩ

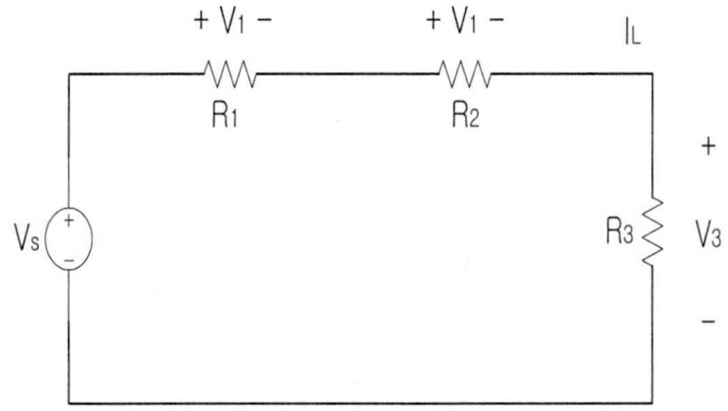


**4.11.** 입력전압 $V_s$를 **5V**로 조정하고 각 저항 양단에 걸리는 전압 $V_1$, $V_2$ 및 $V_3$를 측정하여 **<표 1-4(a)>**에 기록한다.

<표 1-4(a)>

| 입력전압(V) | $V_1$ (V) | $V_2$ (V) | $V_3$ (V) | 오차 |
|---|---|---|---|---|
| | | | | |
| | | | | |
| | | | | |

**4.12.** $V = V_1 + V_2 + V_3$가 성립하는지 확인한다.

**4.13. 입력전압을 10V와 15V로 상향조정하고 실험과정 5.7과 5.8을 반복하여 <표 3-2(a)>에 기록한다.**

**4.14. 저항 $R_3$를 10kΩ으로 교체한 후 5.11 - 5.13을 반복하여 <표 1-4(b)>에 기록한다.**

<표 1-4(b)>

| 입력전압(V) | $V_1$ (V) | $V_2$ (V) | $V_3$ (V) | 오차 |
|---|---|---|---|---|
| | | | | |
| | | | | |
| | | | | |

**4.15. 이번 실험을 통해 무엇을 알 수 있는지 자세히 기술 하시오.**

## 5. 주의사항 및 주요 관찰사항

- 이론적으로 계산한 값과 실제 실험을 통한 측정값을 비교, 분석하여 본다.
- 회로 구성에 있어 누락된 부분이 없는지 확인한다.
- 멀티미터의 자체 저항으로 인해 측정값이 이론적인 계산 값과 약간의 오차가 있음을 인지한다.

# 실험 2 최대전력전달

## 1. 실험 목적

본 실험을 통해

- 저항에 따른 전력의 변화를 통해 전력과 저항과의 관계를 안다.
- 부하저항의 전력이 어떤 경우에 최대값을 가지는지 확인한다.
- 가변저항의 사용법을 숙지한다.

## 2. 기초이론

단위시간에 변환 또는 전달되는 에너지를 전력이라고 한다. 수동부하인 저항에 의해 소비되는 전력과 부하 저항에 인가되는 전압 및 흐르는 전류 사이에는 옴의 법칙을 적용할 경우

$$P = VI = I^2R = V^2/R \tag{1}$$

의 관계가 있다. 이 때 소비되는 전력 $P$의 단위는 와트(watt : W)이며, 부하에 걸리는 전압과 흐르는 전류 및 부하 저항의 단위는 각각 V, A 및 Ω이다. 1W는 1초 동안에 주고받는 에너지가 1J일 때의 전력이다. 소비전력은 식(1)에서 보는 바와 같이 전압과 전류, 전류와 저항, 전압과 저항을 측정하면 구해질 수 있다. 물론 와트미터를 사용하는 것이 보다 손쉬운 측정 방법이라 할 수 있으나 일반적으로 기초 실험을 위해서는 잘 제공되지 않고 있으므로, 전류계와 전압계 혹은 멀티미터를 이용하여 전력을 측정하는 데 주안점을 두고자 한다. 예를 들어 임의의 수동회로에서 부하에 걸린 전압이 15V이고 흐르는 전류가 0.1A로 측정이 되었다면, 소비전력 $P$는

$$P = VI = 15 \times 0.1 = 1.5\text{W} \tag{2}$$

가 된다. 이 회로의 부하 저항은 옴의 법칙에 의해 150Ω이 될 것이며, 전압과 전류 중에서 한 가지만 측정이 가능하다면 식(1)의 관계식을 이용하여 소비전력

을 계산할 수 있다.

한편, 능동회로를 포함하는 임의의 회로에서 부하에 최대의 전력을 전달하는 것이 흔히 중요한 문제가 되며, 본 실험에서는 [그림 2-1]과 같은 수동회로에서 이 문제를 다루어 보고자 한다. 실제적으로 전원 공급 장치는 내부 저항을 가지므로 [그림 2-1]의 $R_i$가 이 내부 저항을 포함한다고 가정하자.

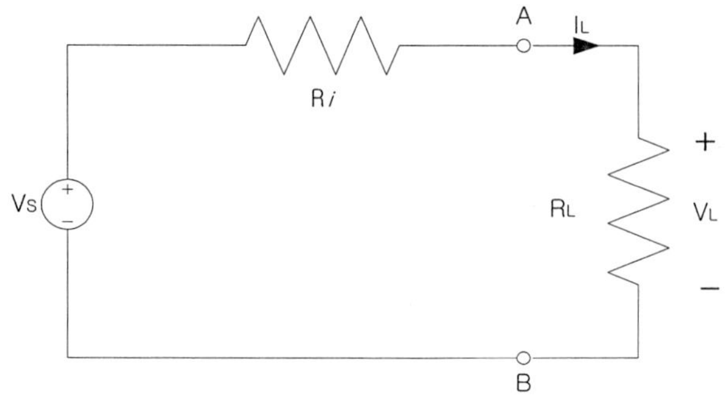


[그림 2-1] 최대전력전달을 위한 회로

[그림 2-1] 회로의 $V_s$와 $R_i$는 임의의 회로가 두 단자 A와 B 사이에 연결된다면 그 회로의 테브난 등가전압과 등가저항으로 간주될 수 있다. 부하 저항 $R_L$에 흐르는 전류 $I_L$은

$$I_L = \frac{V_s}{R_i + R_L} \tag{3}$$

이며, 부하에 전달되는 전력 $P_L$은

$$\begin{aligned} P_L &= I_L^2 R_L \\ &= \left( \frac{V_s}{R_i + R_L} \right)^2 R_L \\ &= \frac{V_s^2 R_L}{(R_i + R_L)^2} \end{aligned} \tag{4}$$

로 주어진다. 주어진 전원으로부터 최대의 전력을 전달하는 $R_L$을 찾기 위해서는 $P_L$을 $R_L$에 대해 미분하여 그 미분치를 0으로 두면 된다. 즉

$$\frac{dP_L}{dR_L} = \frac{(R_i + R_L)V_s^2 - 2V_s^2 R_L}{(R_i + R_L)^3} \tag{5}$$

가 되며, 식(5)를 0으로 두면 다음과 같은 최대전력전달 조건을 얻는다.

$$R_i = R_L \ (8.6)$$

식(6)의 조건이 만족될 때, 부하에 전달되는 최대전력 $P_{\max}$는

$$\begin{aligned} P_{\max} &= \frac{V_s^2 R_i}{(R_i + R_i)^2} \\ &= \frac{V_s^2}{4R_i} \\ &= \frac{V_s^2}{4R_L} \end{aligned} \qquad (6)$$

가 된다. 만일 부하가 고정되어 있다면 저항 $R_i$를 조절하여 부하에 전달되는 전력을 최대로 만들 수가 있다.

## 3. 관련이론 습득

**3.1. [그림 2-2]의 회로에서 $R_L = 10\Omega$일 때 $V_L$을 구하라.**

**3.2. [그림 2-2]의 회로에서 전류원을 전압원으로 변환한 다음 3.1을 반복하라.**

**3.3. $R_L$이 40Ω이라면 이 저항에 전달되는 전력은 3.1과 3.2의 경우에 각각 얼마인가?**

**3.4. [그림 2-2]의 회로에서 최대전력을 부하에 전달하기 위한 $R_L$의 값은 얼마인가?**

**3.5. 100Ω의 내부저항을 갖는 직류 전원 공급 장치가 500Ω의 부하에 연결되어 전력을 공급하고 있다. 전원 공급 장치에 의해 발생되는 전압이 12V일 때 부하에 전달되는 전력은 얼마인가? 여기서 사용**

되는 전원과 저항은 다음과 같다. $I_s$= **2A**, $R_1$= **40Ω**

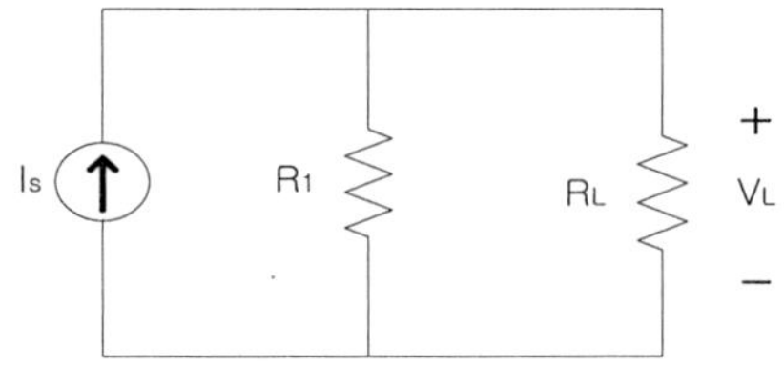


[그림 2-2]

# 4. 실험기자재 및 부품

## 4.1. 사용기기

- 직류 전원 공급 장치
- 디지털 멀티미터

## 4.2. 사용부품

- 저항 : 1kΩ, 3.3kΩ, 10kΩ, 가변저항 10kΩ
- 스위치

# 5. 실험방법 및 순서

**5.1. [그림 2-1]과 같이 회로를 구성하라. 이 때 $R_i$ =1kΩ, $R_L$ =3.3kΩ이다.**

**5.2. 사용하고자 하는 저항을 측정하여 그 값을 <표 2-1>에 기록하라. 입력 전압 $V_s$를 10V로 조정하고 $V_L$과 $I_L$을 측정하여 <표 2-1>에 기록하라.**

<표 2-1>

| $R_i$ | $R_L$ | $V_L$ | $I_L$ |
|---|---|---|---|
| | | | |

| 구분 | 전력 $P_L$(mW) |
|---|---|
| $V_L$, $I_L$ | |
| $I_L$, $R_L$ | |
| $V_L$, $R_L$ | |

**5.3.** $V_L$과 $I_L$, $I_L$과 $R_L$, $V_L$과 $R_L$ 각각의 조합에 대해 소비전력 $P_L$을 구하여 <표 **2-1**>에 기록하라.

**5.4.** [그림 **2-3**]과 같이 회로를 구성하라. 입력 전압 $V_s$는 **10V**로 고정하라. 여기서 사용되는 저항은 다음과 같다. $R_1$= **1kΩ**, $R_2$= **10kΩ** 가변저항

**5.5.** 스위치를 열어 회로를 개방한 후 가변저항의 값을 **0Ω**으로 조정한 다음, 회로를 다시 연결한다. 전압 $V_L$을 측정하여 <표 **2-2**>에 기록하라.

**5.6.** 스위치를 열어 회로를 개방한 후 가변저항의 값을 **100Ω**으로 조정한 다음, 회로를 다시 연결한다. 전압 $V_L$을 측정하여 <표 **2-2**>에 기록하라.

**5.7.** 가변저항의 값을 <표 **2-2**>에 나타난 바와 같이 증가시키면서 **5.6**을 반복하라.

**5.8.** 전력 계산식 $P_L = V_L^2 / R_L$을 사용하여 전력을 계산하여 <표 **2-2**>에 기록하라.

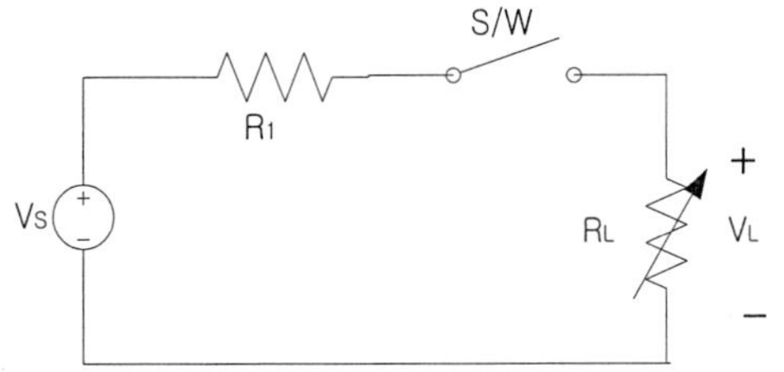


[그림 2-3]

<표 2-2>

| $R_L$ (Ω) | $V_L$ (V) | $P_L$ (mW) |
|---|---|---|
| 0 | | |
| 100 | | |
| 200 | | |
| 400 | | |
| 600 | | |
| 800 | | |
| 900 | | |
| 950 | | |
| 1000 | | |
| 1100 | | |
| 1300 | | |
| 1600 | | |
| 2000 | | |
| 4000 | | |
| 6000 | | |
| 4000 | | |
| 8000 | | |
| 10000 | | |

### 5.9. 이번 실험을 통해 무엇을 알 수 있는지 자세히 기술 하시오.

## 6. 주의사항 및 주요 관찰사항

- 가변저항의 사용법을 익히고 올바르게 사용한다.
- 가변저항의 저항 값을 변화시키기 전에 스위치를 열어 회로를 개방한다.
- 저항의 변화에 따라 전력이 어떻게 변화하는지 관찰한다.
- 부하저항이 R과 같아졌을 때 전력이 최대가 되는지 확인한다.

# 실험 3 테브난의 정리 및 중첩의 원리

## 1. 실험 목적

본 실험을 통해

- 테브난의 정리를 이해하고 이를 통해 복잡한 회로에서 테브난의 등가회로를 구한다.
- 테브난 정리의 유용함을 실험을 통해 알아본다.
- 테브난의 정리를 통하여 노튼의 정리까지 함께 이해한다.
- 두 개 이상의 전원이 동시에 작용하는 전원 회로를 해석한다.
- 중첩의 원리 이론을 이해하고 활용하는 능력을 기른다.

## 2. 기초 이론

### 2.1. 테브난 정리

테브난의 정리는 [그림 3-1]에서 예시하는 바와 같이 두 단자 사이에 나타나는 임의의 선형 회로망은 단일등가전압 $V_{th}$와 단일 등가저항 $R_{th}$로 대체될 수 있다는 것이다. 이 때 등가전압은 두 단자를 개방시켰을 경우에 두 단자 사이에 나타나는 전압을 의미하고, 등가저항은 두 단자 사이에 존재하는 모든 전원이 그 내부 저항으로 대체되었을 때(내부 저항이 없는 이상적인 전원인 경우에 전압원은 단락, 전류원은 개방) 두 단자 사이에 나타나는 저항을 의미한다.

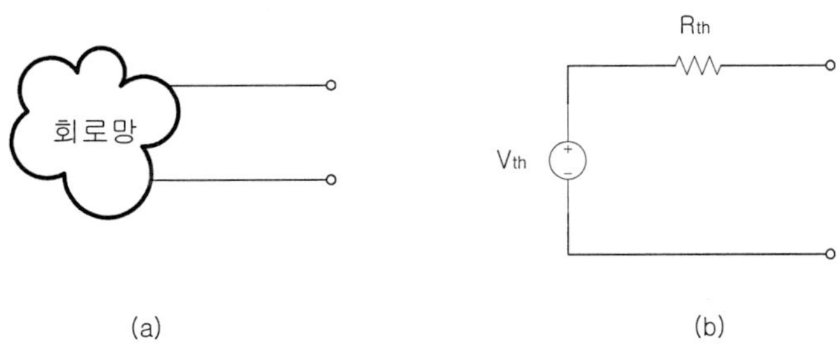


[그림 3-1] 테브난 정리의 의미

테브난의 정리를 [그림 3-2]의 회로에 적용하여 등가전압과 등가저항을 구하는 방법을 알아보도록 하자. 테브난의 정리를 이용하면 주어진 회로는 두 단자 A와 B 사이에 나타나는 등가저항과 직렬로 연결된 등가 전압으로 구성되어질 수 있다. 등가전압 $V_{th}$는 [그림 3-2(b)]에서 보는 바와 같이 부하 저항 $R_L$이 제거된 상태(두 단자 A와 B가 개방된 상태)에서 두 단자 A와 B 사이에 나타나는 전압이므로

$$V_{th} = \frac{R_2}{R_1 + R_2} V_s \tag{1}$$

가 된다. 한편 등가저항 $R_{th}$는 [그림 3-2(c)]에 나타난 바와 같이 입력전원을 단락시킨 후(전원의 내부 저항이 없다고 가정) 두 단자 A와 B 사이에 나타나는 저항이므로

$$\begin{aligned} R_{th} &= (R_1 \| R_2) + R_3 \\ &= \frac{R_1 R_2}{R_1 + R_2} + R_3 \end{aligned} \tag{2}$$

가 된다. 이 등가전압 $V_{th}$와 등가저항 $R_{th}$를 두 단자 A와 B 사이에 직렬로 연결하면, [그림 3-2(d)]와 같은 테브난 등가회로를 구하게 된다. 이 때 부하 저항 $R_L$에 걸리는 전압 $V_L$과 흐르는 전류 $I_L$은 다음 식과 같이 간단히 구해질 수 있다.

$$\begin{aligned} V_L &= \frac{R_L}{R_{th} + R_L} \\ I_L &= \frac{V_{th}}{R_{th} + R_L} \end{aligned} \tag{3}$$

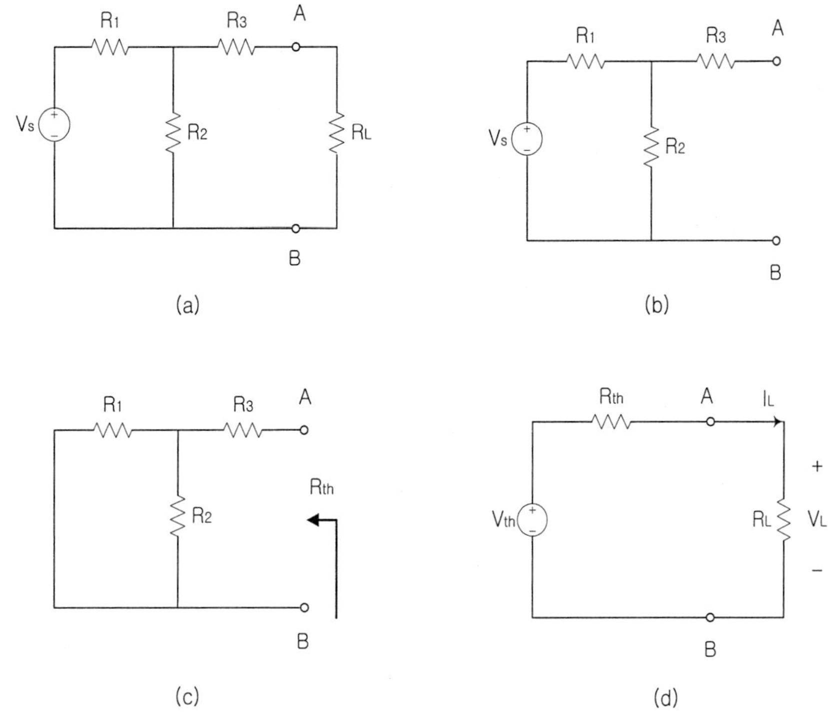


[그림 3-2] 테브난 등가회로를 이용한 회로 해석

위와 같은 간단한 회로에는 테브난의 정리를 적용한다는 것에 대해 회의를 느낄 지도 모르지만, 만일 부하 저항이 다양하게 변하는 경우에 있어서는 옴의 법칙과 키르히호프의 법칙을 반복적으로 사용하는 것에 비해 훨씬 효율적이라는 것은 자명한 사실이다. 더욱이 회로가 복잡해지면 질수록 테브난 정리의 적용은 그 진가를 발휘할 수 있게 된다. 이를 위해 두 개의 전원을 갖는 [그림 3-3]의 회로에 대해 테브난의 정리를 적용하여, 두 단자 A와 B에서의 테브난 등가회로를 구해보자. 먼저 등가전압 $V_{th}$를 구하기 위해서는 실험 9에서 익힌 중첩의 원리를 적용하여야 한다. 따라서 $V_{th}$는

$$\begin{aligned} V_{th} &= V_{th}|_{V_1=0} + V_{th}|_{V_2=0} \\ &= \frac{R_1+R_2}{R_1+R_2+R_3}V_2 + \frac{R_3}{R_1+R_2+R_3}V_1 \end{aligned} \tag{4}$$

로 주어지며, 등가 항 $R_{th}$는 두 개의 전원을 모두 단락시켰을 때 두 단자 A와 B 사이에 나타나는 저항이므로

$$R_{th} = ((R_1 + R_2) \| R_3) + R_4 = \frac{(R_1 + R_2) R_3}{(R_1 + R_2) + R_3} + R_4 \quad (5)$$

가 되어, [그림 3-2(d)]와 같은 테브난 등가회로가 구성된다. 아울러 부하 저항에 흐르는 전류와 걸리는 전압은 식(3)으로 주어진다.

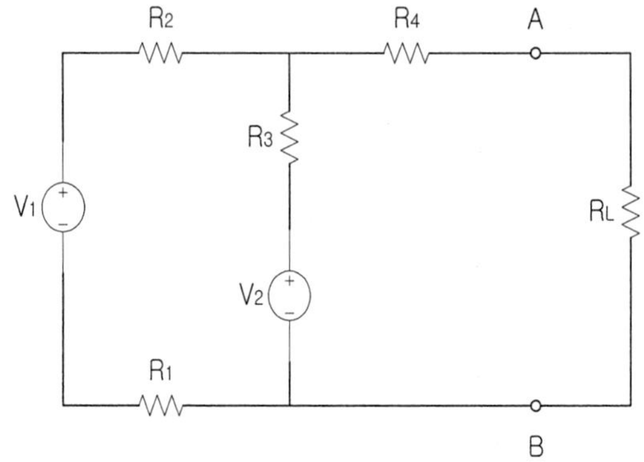


[그림 3-3] 두 개의 전원을 갖는 회로

## 2.2. 중첩의 원리

여러 개의 독립된 전원이 존재하는 복잡한 선형회로망을 해석하는데 있어서 매우 중요한 역할을 하는 것이 중첩의 원리이며, 수동회로에서의 그 내용을 간략히 살펴보면 다음과 같다. 여러 개의 전원을 갖는 임의의 선형수동회로에서 임의의 저항에 인가되는 전압과 흐르는 전류는 각 독립된 전원에 의한 전압과 전류의 대수적인 합과 같다. 이 때 해당 전원을 제외한 나머지 독립 전원들은 전압원인 경우에는 단락회로로 대체되고, 전류원인 경우에는 개방회로로 대체된다고 가정하여야 한다. 이와 같은 중첩의 원리는 능동소자가 포함된 일반적인 선형회로에도 당연히 적용되나, 본 실험에서는 수동회로에의 응용에 국한하고자 한다.

예를 들어 [그림 3-4(a)]의 회로에서 저항 $R_3$에 흐르는 전류 $I_3$를 구하고 싶다고 가정하자. 먼저 전압원 $V_s$에 의한 전류 성분을 구하기 위해서는 [그림 3-4(b)]와 같이 전류원 $I_s$을 개방시킨 다음 $R_3$에 흐르는 전류 $I_3'$를 구하면 된다. [그림 3-4(b)]의 회로는 한 개의 전압원을 갖는 직·병렬회로이므로, 옴의 법칙과 키르히호프의 법칙을 적용하면

$$I_3' = \frac{V_s}{R_1 + [R_2 \| (R_3 + R_4)]} \frac{R_2}{R_2 + (R_3 + R_4)} \tag{6}$$

이 된다. 여기서

$$R_2 \| (R_3 + R_4) = \frac{R_2(R_3 + R_4)}{R_2 + (R_3 + R_4)} \tag{7}$$

이다. 한편 전류원 $I_s$에 의한 전류 성분을 구하기 위해서는 [그림 3-4(c)]에서 보는 바와 같이 전압원 $V_s$를 단락시켜서 한 개의 전류원을 갖는 직·병렬회로를 구성한 다음, 옴의 법칙과 키르히호프의 법칙을 적용하여 다음 식과 같이 $I_3''$을 구하면 된다.

$$I_3'' = \frac{R_4}{[(R_1 \| R_2) + R_3] + R_4} I_s, \qquad R_1 \| R_2 = \frac{R_1 R_2}{R_1 + R_2} \tag{8}$$

전류 $I_3$는 중첩의 원리에 의해

$$I_3 = I_3' - I_3'' \tag{9}$$

를 만족하므로,

$$\begin{aligned} I_3 = & \frac{V_s}{R_1 + [R_2 \| (R_3 + R_4)]} \frac{R_2}{R_2 + (R_3 + R_4)} \\ & - \frac{R_4}{[(R_1 \| R_2) + R_3] + R_4} I_s \end{aligned} \tag{10}$$

가 된다.

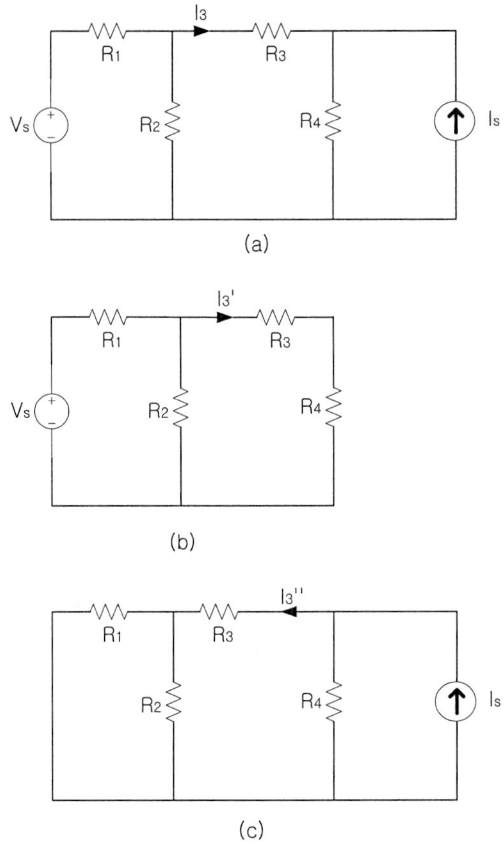


[그림 3-4]

## 3. 관련이론 습득

**3.1. [그림 3-5]의 회로에 대해 테브난 등가회로를 구하라. 여기서 사용되는 전원과 저항은 다음과 같다.**

$V_s$= **5V,** $R_1$= **1kΩ,** $R_2$= **330Ω,** $R_3$= **220Ω**

**3.2. 부하 저항이 다음과 같이 각각 주어질 때** $V_L$**과** $I_L$**을 계산하라.**

$R_L$ = **470Ω, 1kΩ, 3.3kΩ, 무부하**

**3.3. 옴의 법칙과 키르히호프의 법칙을 적용하여 3.2를 반복하라.**

**3.4. [그림 3-6]의 브릿지 회로에 대해 테브난 등가회로를 구하라. 여기서 사용되는 전원 및 저항은 다음과 같다.**

**($V_s$= 5V. $R_1$= 100Ω, $R_2$= 220Ω, $R_3$= 330Ω, $R_4$= 470Ω)**

**3.5. [그림 3-6]의 회로에 대해 3.2를 반복하라.**

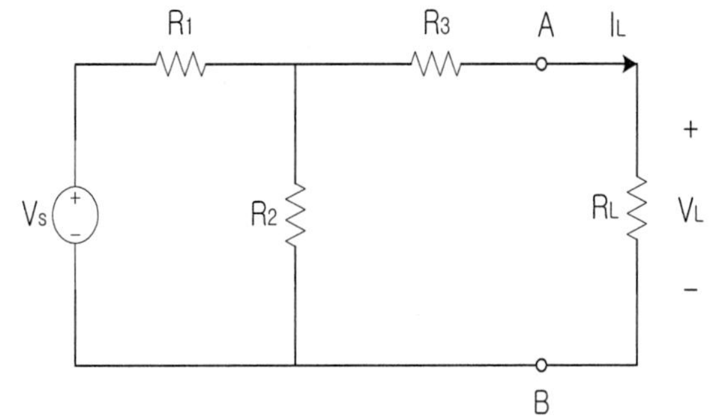


[그림 3-5]

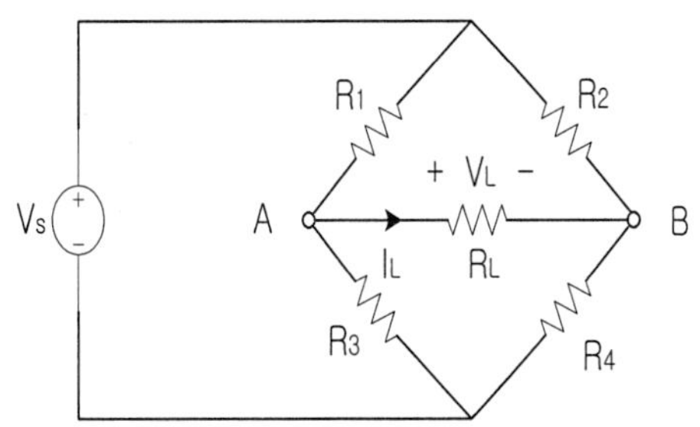


[그림 3-6]

**3.6. [그림 3-7]의 회로에 중첩의 원리를 적용하여, $V_1$, $V_2$, $V_3$와 $I_1$, $I_2$, $I_3$를 각각 구하라. 이를 위해 전원 $V_{s2}$가 단락되었을 때와 전원 $V_{s1}$이 단락되었을 때의 회로를 각각 구하라.**

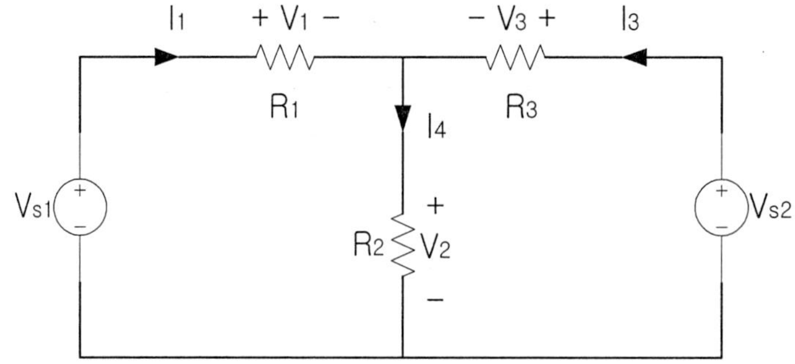


[그림 3-7]

**3.7. [그림 3-8]의 회로에 대해 3.6를 반복하라.**

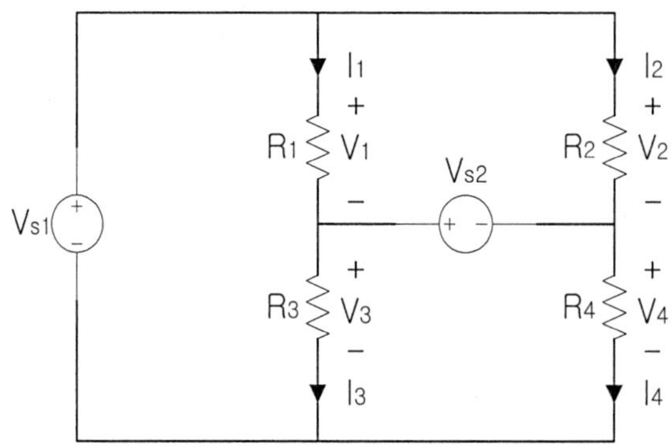


[그림 3-8]

## 4. 실험기자재 및 부품

### 4.1. 사용기기

- 직류 전원 공급 장치
- 디지털 멀티미터

### 4.2. 사용부품

- 저항 : 100Ω, 220Ω, 330Ω, 470Ω, 1kΩ, 3.3kΩ, 가변저항 1kΩ, 4.7kΩ

## 5. 실험방법 및 순서

**5.1.** [그림 **3-5**]의 회로에서 사용되는 저항을 측정하고, 회로를 구성하라.

**5.2.** <표 **3-1**>의 각 부하 저항에 대해 $V_L$과 $I_L$을 측정한 후, 그 결과를 <표 **3-1**>에 기록하라.

<표 3-1>

| 부하저항 ($R_L$) | 원 회로 | | 테브난 등가회로 | |
|---|---|---|---|---|
| | $V_L$ | $I_L$ | $V_L$ | $I_L$ |
| 470Ω | | | | |
| 1kΩ | | | | |
| 3.3kΩ | | | | |
| 무부하 | | | | |
| $V_{th}$ | | | | |
| $R_{th}$ | | | | |

**5.3.** 두 단자 **A**와 **B** 사이의 부하 저항을 제거하여 두 단자 사이에 인가되는 테브난 등가전압 $V_{th}$를 측정하고, 입력 전원을 단락시킨 다음 두 단자 사이에 나타나는 테브난 등가저항 $R_{th}$를 측정하여 <표 **3-1**>에 기록하라.

**5.4.** <표 **3-1**>의 각 부하 저항에 대해 **5.3**에서 측정된 등가전압과 등가저항을 사용하여 테브난 등가회로를 결선한 후, $V_L$과 $I_L$을 측정하여 그 결과를 <표 **3-1**>에 기록하라

**5.5. [그림 3-6]의 브릿지 회로를 구성하라.**

**5.6. [그림 3-6]의 회로에 대해 5.2을 반복하고 등가전압 $V_{th}$와 등가저항 $R_{th}$의 측정치를 <표 3-2>에 기록하라.**

<표 3-2>

| 부하저항 (**$R_L$**) | 원 회로 | | 테브난 등가회로 | |
|---|---|---|---|---|
| | **$V_L$** | **$I_L$** | **$V_L$** | **$I_L$** |
| 470Ω | | | | |
| 1kΩ | | | | |
| 3.3kΩ | | | | |
| 무부하 | | | | |
| **$V_{th}$** | | | | |
| **$R_{th}$** | | | | |

**5.7. [그림 3-6]의 회로에 대해 5.4를 반복하고 그 결과를 <표 3-2>에 기록하라.**

**5.8. [그림 3-7]의 회로를 구성하라. 입력 전압과 사용되는 저항은 다음과 같다.**

$V_{s1}$= 5V, $V_{s2}$= 10V, $R_1$= 100Ω, $R_2$= 330Ω, $R_3$=470Ω

**5.9.** 각 저항에 걸리는 전압 $V_1, V_2, V_3$과 흐르는 전류 $I_1$, $I_2$, $I_3$를 측정하여 <표 3-3>에 기록하라.

<표 3-3>

| 전압(V) | | 전류(mA) | |
|---|---|---|---|
| $V_1$ | | $I_1$ | |
| $V_2$ | | $I_2$ | |
| $V_3$ | | $I_3$ | |

**5.10.** 전원 $V_{s2}$가 단락되었을 때의 회로를 구성하고 각 저항에 걸리는 전압 $V_1'$, $V_2'$, $V_3'$과 $I_1'$, $I_2'$, $I_3'$를 측정하여 <표 3-4>에 기록하라. 단, 전류의 방향은 실험 **5.8**의 경우와 동일하게 정의한다.

<표 3-4>

| 전압(V) | | 전류(mA) | | 전압(V) | | 전류(mA) | |
|---|---|---|---|---|---|---|---|
| $V_1'$ | | $I_1'$ | | $V_1''$ | | $I_1''$ | |
| $V_2'$ | | $I_2'$ | | $V_2''$ | | $I_2''$ | |
| $V_3'$ | | $I_3'$ | | $V_3''$ | | $I_3''$ | |

**5.11.** 전원 $V_{s1}$이 단락되었을 때의 회로를 구성하고 각 저항에 걸리는 전압 $V_1''$, $V_2''$, $V_3''$과 $I_1''$, $I_2''$, $I_3''$를 측정하여 <표 3-4>에 기록하라. 단, 전류의 방향은 실험 **5.8**의 경우와 동일하게 정의한다.

**5.12.** [그림 3-8]의 회로를 구성하라. 입력 전압과 사용되는 저항은 다음과 같다.

$V_{s1}$= **8V**, $V_{s2}$= **12V**, $R_1$= **1kΩ**, $R_2$= **3.3Ω**, $R_3$=**4.7kΩ**

**5.13.** 실험 **5.8**를 반복하여 <표 3-5>에 기록하라.

<표 3-5>

| 전압(V) | | 전류(mA) | |
|---|---|---|---|
| $V_1$ | | $I_1$ | |
| $V_2$ | | $I_2$ | |
| $V_3$ | | $I_3$ | |

**5.14. 실험 5.10과 5.11을 반복하여 <표 3-6>에 기록하라.**

<표 3-6>

| 전압(V) | | 전류(mA) | | 전압(V) | | 전류(mA) | |
|---|---|---|---|---|---|---|---|
| V1' | | I1' | | V1" | | I1" | |
| V2' | | I2' | | V2" | | I2" | |
| V3' | | I3' | | V3" | | I3" | |

## 6. 주의사항 및 주요 관찰사항

- 테브난의 정리를 이용하여 테브난의 등가회로 구성 시 정확한 등가회로를 구성한다.
- 브릿지 회로의  등가회로 구성 시 직. 병렬관계에 유의하여 구성한다.
- 원래 회로에서 측정한 전압, 전류 값과 테브난의 등가회로에서 측정한 전압, 전류 값을 비교, 분석하여 본다.
- 중첩의 원리 적용 시 전압 및 전류의 방향에 대해 주의한다.
- 중첩의 원리는 회로 내 한 개의 전원만이 있을 경우를 고려하는데 이 때 나머지 전원들은 전압원은 개방, 전류원은 단락시킨다.

# 실험 4 RLC 회로 및 필터

## 1. 실험 목적

본 실험을 통해

- RLC회로의 특성을 파악하고 또한 각각의 특성을 파악하도록한다.
- 오실로스코프와 함수발생기의 사용법을 정확하게 익힌다.
- 저항, 커패시터와 인덕터의 임피던스를 계산하고 Phasor로 표현 할 수 있다.
- 교류회로의 주파수 응답에 대한 이론을 이해한다.
- 저역통과 필터와 고역통과 필터의 구성과 특징을 파악한다.
- RLC 공진회로에 대한 기본 개념과 이론을 파악한다.
- Q factor, Cut-off 주파수 등 공진회로의 특성을 알아본다.
- RLC 회로의 공진 주파수 특성을 실험을 통하여 이해한다.
- 주파수 변화에 따른 RLC 회로의 임피던스를 알아본다.

## 2. 기초이론

R, L, C로 구성된 회로에 계단(step) 전압원을 인가할 때, 또는 인가된 전압원을 제거할 때, 나타나는 과도 응답과 R, L, C 값들에 따라 그 특성이 어떻게 변하는지 알아보기 위한 기초적인 이론들은 다음과 같다.

### 2.1. R-C 회로

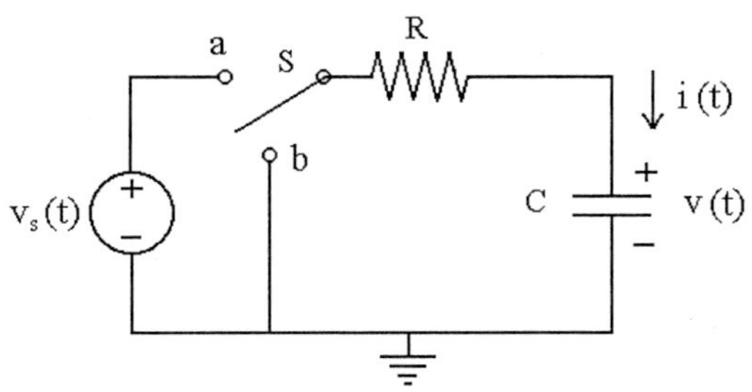


[그림 4-1] RC 회로

[그림 4-1]과 같은 R-C 회로를 생각하자. 맨 처음 $t=0$ 일 때, C에는 아무런 전하가 축적되어 있지 않다 (전압이 걸려 있지 않다). 이때 [그림 4-1]의 스위치를 $t=0^+$ 인 순간에 a에 접속시키면 계단 전압이 인가되고, 이 순간 C에 전하가 축적되기 시작한다. C에는 정상상태에서 직류 전류가 흐를 수 없지만, 과도상태, 즉 C에 전하가 축적되는 동안에는 전류가 흐르게 된다. 이때 회로의 전압과 전류의 특성을 알려면 이 회로에 KVL(또는 KCL)을 적용하면 된다. C에 걸리는 전압을 $v(t)$라 하면

$$v_s(t)= R\,i(t)+v(t) \tag{1}$$

가 되고 $i(t)$는

$$i(t)= C\frac{dv(t)}{dt} \tag{2}$$

가 만족된다. 따라서

$$\frac{dv(t)}{dt}+\frac{1}{RC}v(t)=\frac{1}{RC}v_s(t) \tag{3}$$

의 1계 선형 미분방정식을 얻게 되고 이를 풀면 $v(t)$와 나아가 $i(t)$를 알 수 있다. 먼저 제차 방정식의 해(homogeneous solution)를 구하려면, 전압원을 0으로 두고 적분하면 된다. 즉,

$$\frac{dv(t)}{dt}+\frac{1}{RC}v(t)=0 \tag{4}$$

이 되고 $d/dt$를 $D$로 두면 $(D+1/RC)v(t)=0$가 된다. 이것의 특성 근은 $D=-1/RC$ 이고, 그 일반해는

$$v_h(t)=Ae^{-t/RC} \tag{5}$$

가 된다. $A$는 적분 상수이다. 전압원이 크기가 $V_0$인 계단 함수이면 $v(t)=V_0u(t)$ 이고 $t>0$ 에서 $v(t)=V_0$ 이므로, 미정 계수법을 사용하면 된다. 즉 $t\to\infty$이 되면 시간에 따라 변하는 양이 없는 정상상태가 되므로, 식 (3)의 미분방정식에서 $d/dt$가 있는 항을 0으로 두면 된다. 그러면 $t>0$ 에서 특별 해는

$$v_p(t)=V_0 \tag{6}$$

임을 알 수 있다. 식 (3)의 완전 해는

$$v(t)=v_h(t)+v_p(t)=V_0+Ae^{-t/RC} \tag{7}$$

가 된다. 적분 상수 $A$는 회로의 초기 조건에 따라 정하면, 스위치가 인가되기 전 $t=0$인 순간에 C에 걸린 전압 $v(t)$는 0이므로 식 (7)에서 $A=-V_0$ 임을 알 수 있다. 따라서 C에 걸리는 전압은

$$v(t)=V_0(1-e^{-t/RC}) \tag{8}$$

가 된다. 식 (8)은 회로의 스위치가 인가되었을 때 C에 나타나는 과도 응답이다. [그림 4-2(a)]에 이를 나타내었다. 시간이 충분히 흐르면 식 (8)의 지수 항은 무시할 수 있으므로 $v(t)=V_0$가 된다. 즉 [그림 4-1]에서 C에 전하가 충분히 축적되고 나면 더 이상 전류는 흐르지 않고 (개방회로와 마찬가지임), 마침내 전압 $V_0$가 걸리는 것이다. C에 흐르는 과도 전류는 식 (2)에서

$$i(t)=\frac{V_0}{R}e^{-t/RC} \tag{9}$$

가 된다.

C에 전압이 $V_0$가 걸려 있는 상태에서, 시각 $t'=0$인 순간에 스위치를 a에서 b로 옮겨보자. (우리는 편의상 새로운 시간 축 $t'$을 사용하기로 한다.) 이 경우 C에 축적되어 있던 양과 음의 전하들이 R로 흘러 상쇄될 때까지 전류가 흐르게 된다. 이때의 전류 방정식은, 전압원이 없으므로 식 (4)와 같고 그 해는 바로 식 (5)와 같은 형태가 된다. 즉

$$v(t')=Be^{-t'/RC} \tag{10}$$

이다. 시각 $t'=0$일 때 $v(0)=V_0$이므로 식 (10)은

$$v(t')=V_0e^{-t'/RC} \tag{11}$$

이 된다. 즉, 전압이 시간이 흐름에 따라 지수 함수적으로 감쇄하여 마침내 0이 되는 것이다. [그림 4-2(b)]에 이를 나타내었다. 전류는 식 (2)로부터

$$i(t')=-\frac{V_0}{R}e^{-t'/RC} \tag{12}$$

이고 부호가 음이므로, 전류의 방향은 전하가 축적될 때와 반대임을 알 수 있다.

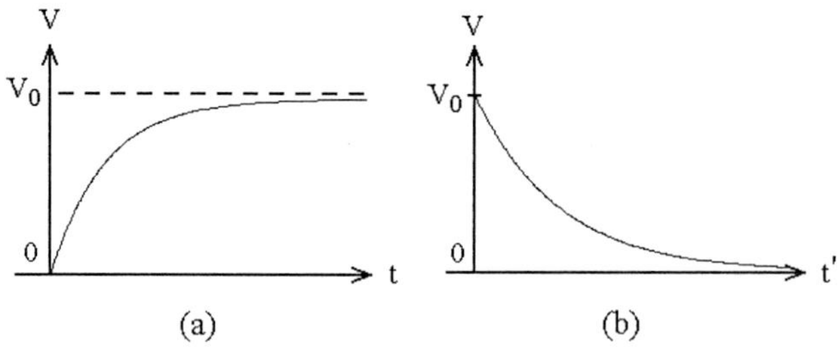


[그림 4-2] RC회로의 충전 및 방전

앞의 분석에서 특히 식 (4)의 해를 응답을 회로의 고유 응답이라고 부른다. 바꾸어 말하면, 식 (11)이 바로 이 회로의 고유 응답인 것이다. 이 고유 응답에서 전압이 (또는 전류가) 처음 크기의 $e^{-1}$로 감소하는데 걸리는 시간을 시정수라고 하고 $\tau$로 나타낸다. 그리고 이들 식에서 $\tau = RC$로 동일함을 알 수 있다.

## 2.2. R-L 회로

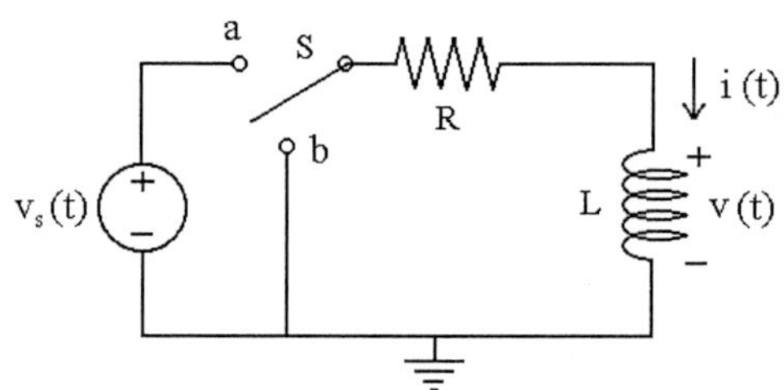


[그림 4-3] RL 회로

이번에는 [그림 4-3]과 같은 R-L 회로를 생각하자. 맨 처음 $t=0$일 때, L에는 전류가 흐르지 않고 있다. 이때 [그림 4-3]의 스위치를 $t=0^+$ 인 순간에 a에 접속시키면 계단 전압이 인가되고, 이 순간 L에 전압이 걸리기 시작한다. L에는 정상상태에서 직류 전압이 걸릴 수 없지만, 과도상태, 즉 L에 시간적으로 변하는 전류가 흐르는 동안에는 전압이 나타나게 된다. 이때 회로의 전압과 전류의 특성을 알려면 이 회로에 KVL(또는 KCL)을 적용하면 된다. L에 걸리는 전압을 $v(t)$라 하면

$$v_s(t) = R\,i(t) + v(t) \tag{13}$$

가 되고 $v(t)$는

$$v(t) = L\frac{di(t)}{dt} \tag{14}$$

가 만족된다. 따라서

$$\frac{di(t)}{dt} + \frac{R}{L}i(t) = \frac{1}{L}v_s(t) \tag{15}$$

의 1계 선형 미분방정식을 얻게 되고, 이를 풀면 $i(t)$와 $v(t)$를 알 수 있다. 먼저 제차 방정식

$$\frac{di(t)}{dt} + \frac{R}{L}i(t) = 0 \tag{16}$$

의 해(homogeneous solution)를 구하면, 특성방정식이$(D+R/L)i(t)=0$이므로, 특성 근은 $D=-R/L$ 이고, 그 일반해는

$$i_h(t) = Ae^{-(R/L)t} \tag{17}$$

가 된다. 여기서도 $A$는 적분 상수이다. 전압원이 $v(t) = V_0 u(t)$ 이므로, R-L 회로에서와 마찬가지로 식 (15)의 미분 방정식에서 $d/dt$가 있는 항을 0으로 두고 $t>0$ 에서의 특별 해를 구하면

$$i_p(t) = \frac{V_0}{R} \tag{18}$$

임을 알 수 있다. 식 (15)의 완전 해는

$$i(t) = i_h(t) + i_p(t) = \frac{V_0}{R} + Ae^{-(R/L)t} \tag{19}$$

가 된다. 적분 상수 $A$는 회로의 초기 조건에 따라 정하면, 스위치가 인가되기 전 $t=0$ 인 순간에 L에 흐르는 전류$i(t)$ 는 0이므로 식 (19)에서 $A=-V_0/R$ 임을 알 수 있다. 따라서 i에 흐르는 전류는

$$i(t) = \frac{V_0}{R}[1-e^{-(R/L)t}] \tag{20}$$

가 된다. 이 과도 응답은 [그림 4-2(a)]와 동일한 형태이다. 시간이 충분히 흐르면 식 (20)의 지수 항은 무시할 수 있으므로 $i(t) = V_0/R$ 가 된다. L에 걸리는 과도 전압은 식 (14)에서

$$v(t) = V_0 e^{-(R/L)t} \tag{21}$$

가 된다.

L에 전류가 $V_0/R$로 흐르고 있는 상태에서, 시각 $t'=0$인 순간에 스위치를 a에서 b로 옮겨보자. (여기서도 편의상 새로운 시간 축 $t'$을 사용하기로 한다.) 이 경우 L에 축적되어 있던 자기장 에너지가 없어질 때까지 전류가 흐르게 된다. 이때의 전류 방정식은, 전압원이 없으므로 식 (16)과 같고 그 해는 바로 식 (17)의 형태가 된다. 즉

$$i(t') = Be^{-(R/L)t'} \tag{22}$$

이다. 시각 $t'=0$일 때 $i(0) = V_0/L$이므로 식 (22)는

$$i(t') = \frac{V_0}{R} e^{-(R/L)t'} \tag{23}$$

이 된다. 즉, 전류가 시간이 흐름에 따라 지수 함수적으로 감쇄하여 마침내 0이 되는 것이다. 이는 [그림 4-2(b)]의 형태와 같은 꼴이다. L에 걸리는 전압은 식 (14)로부터

$$v(t) = -V_0 e^{-(R/L)t'} \tag{24}$$

이고 부호가 음이므로, L이 일시적으로 전압(전류)원과 같은 역할을 한다. 그리고 R-L회로에서의 시정수는 이들 식에서 $\tau = L/R$이 됨을 알 수 있다.

## 2.3. R-L-C 회로

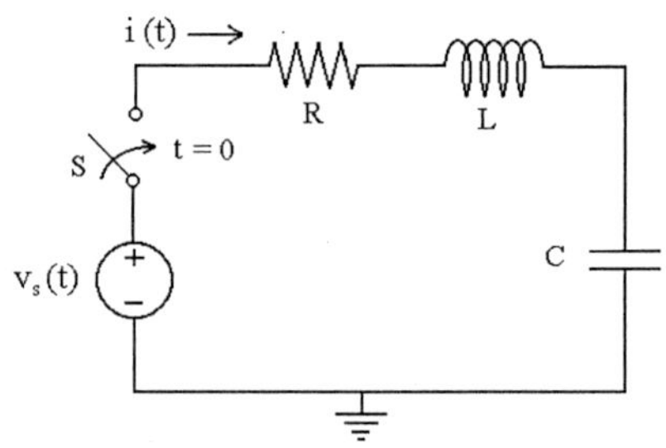


[그림 4-4] RLC 회로

마지막으로 [그림 4-4]와 같이 직렬로 연결된 R-L-C회로를 생각해 보자. Kirchhoff의 전압법칙을 적용하면 $v_R + v_L + v_C = v(t)$ 이므로

$$Ri(t) + L\frac{di(t)}{dt} + \frac{1}{C}\int i(t)\,dt = v_s(t) \tag{25}$$

이 된다. 한 가지 주목할 것은, 커패시터에서의 전압-전류의 관계는 $i = Cdv/dt$

인데, 이를 적분하여 $v=(1/C)\int i\,dt+V_0$ 의 관계를 사용한 것이다. 그런데 초기 $t=0$ 일 때 커패시터에는 아무런 전하도 축적되어 있지 않다고 가정하면 $V_0=0$ 이다. 식 (25)를 미분하면

$$\frac{d^2i(t)}{dt^2}+\frac{R}{L}\frac{di(t)}{dt}+\frac{1}{LC}i(t)=\frac{1}{L}v_s{}'(t) \tag{26}$$

이 된다. 이 회로의 과도 응답 특성을 이해하려면, 고유응답, 즉 식 (25)의 제차 방정식

$$\frac{d^2i(t)}{dt^2}+\frac{R}{L}\frac{di(t)}{dt}+\frac{1}{LC}i(t)=0 \tag{27}$$

만 풀면 된다. 이 미분 방정식의 특성방정식 $[D^2+(R/L)D+1/LC]i(t)=0$ 으로부터 특성 근은

$$D_{1,2}=-\frac{R}{2L}\pm\frac{1}{2}\sqrt{\left(\frac{R}{L}\right)^2-\frac{4}{LC}}\equiv -A\pm B \tag{28}$$

이 된다.

(case1) over damping: 만약

$$\left(\frac{R}{L}\right)^2>\frac{4}{LC} \qquad \text{또는}$$

$$R>2\sqrt{\frac{L}{C}} \tag{29}$$

을 만족하면 $D_1$ 및 $D_2$ 모두 음의 실수가 되고, 초기 전류는 두 지수 함수가 복합적으로 더해진 함수로 감쇄하는 응답

$$i(t)=K_1e^{-(A-B)t}+K_2e^{-(A+B)t} \tag{30}$$

을 얻는다. $K_1$과 $K_2$는 회로의 초기 상태에 의해 결정되는 상수이다. [그림 4-5(a)]에 이를 스케치하였다.

(case2) critical damping: 만약

$$\left(\frac{R}{L}\right)^2=\frac{4}{LC} \qquad \text{또는}$$

$$R=2\sqrt{\frac{L}{C}} \tag{31}$$

을 만족하면, $B=0$ 이므로 $D_1=D_2$ 로 중근이 된다. 따라서 고유응답은

$$i(t) = (K_1 + K_2 t) e^{-At} \tag{32}$$

가 된다. [그림 4-5(b)]에 이를 스케치하였다.

(case 3) under damping: 만약

$$\left(\frac{R}{L}\right)^2 < \frac{4}{LC} \quad \text{또는}$$

$$R < 2\sqrt{\frac{L}{C}} \tag{33}$$

이면, $B = j\beta$ 로 복소수가 된다($j = \sqrt{-1}$ ). 그러면 고유응답은

$$i(t) = e^{-At}(K_1 \cos\beta t + K_2 \sin\beta t)$$

의 형태가 된다. [그림 4-5(c)]에 이를 스케치하였다.

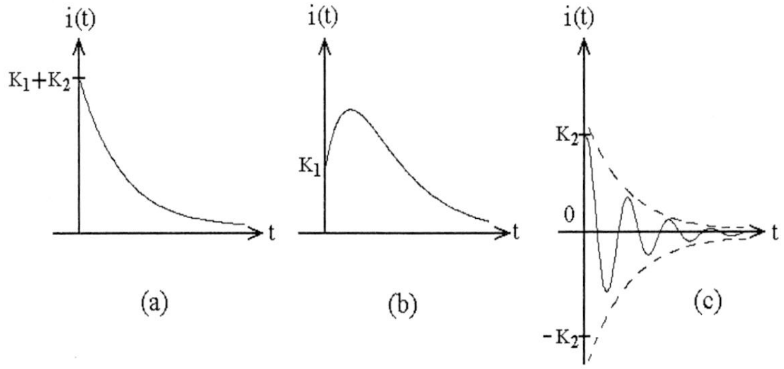


[그림 4-5] RLC 회로의 응답

이제 이러한 회로에 정현파 신호를 인가할 때, 충분한 시간이 흐른 뒤의 정상상대에시 회로의 전류 및 선압 이 어떻게 되는지 복습하고 실험하고자 한다. 이러한 상황에서는 어려운 미분 방정식을 풀 필요 없이, 복소수를 사용한 페이저(phasor)와 임피던스의 개념을 도입함으로써, 문제를 쉽게 풀 수 있다.

임의의 복소수를 $z$로 쓰면, 이는 실수와 허수의 합, 즉 $z = x + jy$ 로 표현된다. 여기서 $j = \sqrt{-1}$ 이다. 따라서 복소수는 x 축을 실수 축으로 y 축을 허수 축으로 하는 복소 평면에서 하나의 점으로 표시된다. 물론 좌표상의 한 점은 위치 벡터로 표시할 수 있으므로, [그림 4-6]에 나타낸 것처럼 복소수를 복소 평면에서 벡터로 표현할 수 있다.

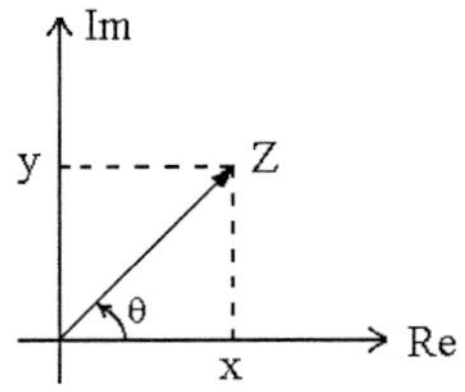


[그림 4-6] 복소 평면에서의 복소수의 표현.
(phasor도 복소수이므로 마찬가지로 표현된다.)

복소수 (또는 벡터) $z$를 극좌표계로 표현하면

$$\begin{aligned} z &= A(\cos\theta + j\sin\theta) \\ &= Ae^{j\theta} \end{aligned} \tag{34}$$

가 된다. 여기서 $A = \sqrt{x^2+y^2}$ 는 이 벡터의 길이이고, $\theta = \tan^{-1}(y/x)$ 는 이 벡터와 x 축과 이루는 각도이며, Euler 공식 $e^{j\theta} = \cos\theta + j\sin\theta$ 이 사용되었다. 편의상 $Ae^{j\theta}$는 간단히 $A\angle\theta$로 쓰기도 한다.

정현파 신호, 예를 들어 진폭이 $V_m$, 각주파수가 $\omega$ $(=2\pi f,\ f$는 주파수$)$, 위상각이 $\theta$인 정현파 전압

$$v(t) = V_m\cos(\omega t + \theta) \tag{35}$$

가 있다고 해 보자. 이는 현실적으로 존재하는 실수 전압이다. 그런데, 이 전압 파형에 대응되는 가상의 허수 전압 $jV_m\sin(\omega t + \theta)$를 항상 설정할 수 있다. [참고로, 실제 파형이 $V_m\sin(\cdots)$ 함수로 주어져 있다면, 대응되는 허수 파형을 $-jV_m\cos(\cdots)$로 두면 된다.] 실제의 전압과 가상적인 허수의 전압을 합하여 다음과 같은 복소 전압을 상상할 수 있다:

$$\begin{aligned} V_m\cos(\omega t + \theta) + jV_m\sin(\omega t + \theta) &= V_m e^{j(\omega t + \theta)} \\ &= V_m e^{j\omega t} e^{j\theta} \end{aligned} \tag{36}$$

앞으로의 회로 해석에서는, 실제로 인가되는 정현파 전압 대신에, 이것에 대응되는 가상의 복소 전압이 인가된다고 간주할 것이다. 가상의 복소 전압으로 모든 선형회로를 해석하고, 그 해석 결과의 실수부만 취함으로써 실제 결과를 얻는 것이다. 식 (36)의 복소 전압으로부터 이것의 실수부만 취하면,

$$v(t) = \mathrm{ReV_m} e^{j\omega t} e^{j\theta} \tag{37}$$

식 (35)의 실제 파형을 얻을 수 있다. 여기서 Re는 복소수에서 실수 값을 선택한다는 뜻이다. 그런데 식 (36)의 복소 전압에서 $e^{j\omega t}$ 항은 정현파 신호의 주파수가 $\omega$ 임을 알려주는 정보 밖에는 없다. 이 항을 제외하고, 복소 전압의 진폭과 위상 정보만을 나타내는

$$\mathrm{V} = V_m e^{j\theta} = V_m \angle \theta \tag{38}$$

를 식 (35)의 Phasor라고 부른다. 전압이든, 전류이든, 각주파수가 $\omega$ 로 고정되면 이 주파수를 갖는 정현파 신호는 항상 Phasor로 표현 가능하고, 역으로 Phasor가 주어지면, 이것의 실제 신호를 구할 수 있다. 예를 들어, $i(t) = I_0 \sin\omega t$ 인 어떤 정현파 전류 파형을 Phasor로 표현하면, $\sin\omega t = \cos(\omega t - \pi/2)$ 이므로 $I_0 e^{-j\pi/2}$가 된다. [또는 $I_0 \sin\omega t$ 에 대응되는 허수 신호는 $-jI_0\cos\omega t$ 이므로 이 둘을 더하면 $-jI_0(\cos\omega t + j\sin\omega t) = I_0 e^{-j\pi/2} e^{j\omega t}$ 이므로 그 Phasor는 $I_0 e^{-j\pi/2}$가된다.] Phasor는 복소수 상수이므로 복소평면에서 고정된 벡터로 나타낼 수 있다. (그림 4-6 참고.) 그러나 $e^{j\omega t}$ 항을 고려하면 실제로 이 벡터는 복소평면에서 반시계 방향으로 각속도 $\omega$ 로 회전하고 있는 것이다.

이제 임피던스를 도입하자. 임피던스란, 식 (36)의 복소 전압을 사용할 때, 각 소자에서 전압/전류의 비를 말한다. 이때 $e^{j\omega t}$ 항은 (전압/전류)의 비를 구할 때 나누어져 항상 상쇄되므로 각 소자의 임피던스란 그 소자에서의 (Phasor전압/Phasor 전류)라고 생각해도 된다. 임피던스의 단위는 저항과 마찬가지로 Ω이다.

## 2.4. 저항의 임피던스

[그림 4-7]에서 저항에 전류 $i_R(t) = I_m\cos(\omega t + \theta)$ 또는 복소 전류 $\mathrm{I_R} = \mathrm{I_m} e^{j\omega t} e^{j\theta}$ 이 흐르면 Ohm의 법칙에서 이 저항에 걸리는 전압은 $v_R(t) = Ri(t)$ 또는 복소 전압으로 표현하면 $RI_m e^{j\omega t} e^{j\theta} \equiv \mathrm{V_R}$ 가 된다. 따라서 저항의 임피던스 $Z_R$은

$$Z_R = \frac{\mathrm{V_R}}{\mathrm{I_R}} = R \tag{39}$$

이 되고 이는 단순히 저항과 같다. 그리고 이 전압과 전류 파형 사이에 위상차는 없다.

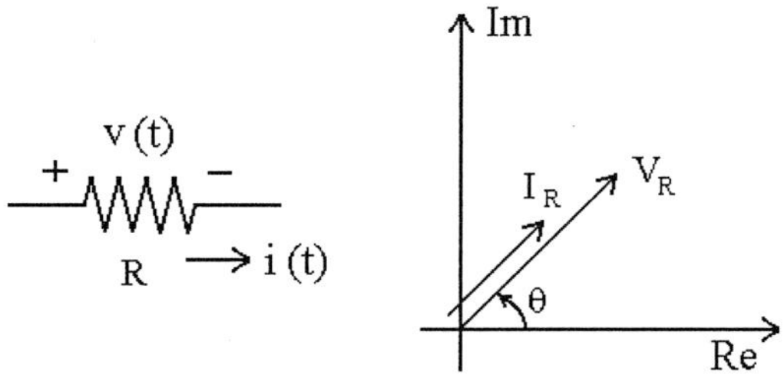


[그림 4-7] 저항에서의 전압과 전류

## 2.5. 커패시터의 임피던스

[그림 4-8]에서 커패시터에 정현파 전압 $v_C(t) = V_m \cos(\omega t + \theta)$ 또는 복소전압 $\mathrm{V_C} = \mathrm{V_m} e^{j\omega t} e^{j\theta}$ 이 걸리면 이 커패시터에 흐르는 전류는 $i_C(t) = C(dv_C/dt)$ 또는 복소 전류로 표현하면 $\mathrm{I_C} \equiv \mathrm{C}(\mathrm{dV_C}/\mathrm{dt}) = j\omega C V_m e^{j\omega t} e^{j\theta} = j\omega C \mathrm{V_C}$가 된다. 따라서 커패시터의 임피던스 $Z_C$는

$$Z_C = \frac{\mathrm{V_C}}{\mathrm{I_C}} = \frac{1}{j\omega C} \tag{40}$$

된다. $\mathrm{I_C} = j\omega C \mathrm{V_C} = e^{j\pi/2} \omega C V_C = \omega C V_m e^{j\omega t} e^{j(\theta + \pi/2)}$ 이므로 $\mathrm{I_C}$가 $V_C$보다 위상이 $\pi/2$(=90도)앞선다.

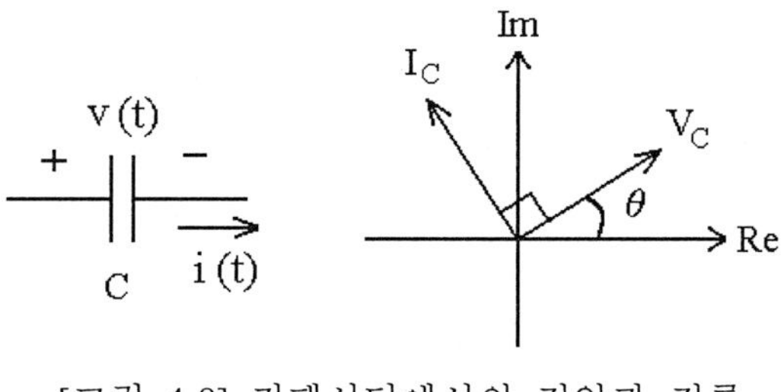


[그림 4-8] 커패시터에서의 전압과 전류

## 2.6. 인덕터의 임피던스

[그림 4-9]에서 인덕터에 정현파 전류 $i_L(t) = I_m \cos(\omega t + \theta)$ 또는 복소전류 $\mathrm{I_L} = \mathrm{I_m} e^{j\omega t} e^{j\theta}$ 가 흐르면 이 인덕터에 걸리는 전압은 $v_L(t) = L(di_L/dt)$ 또는 복소 전류로 표현하면 $\mathrm{V_L} \equiv \mathrm{L}(\mathrm{dI_L}/\mathrm{dt}) = j\omega L I_m e^{j\omega t} e^{j\theta} = j\omega L \mathrm{I_L}$ 이 된다. 따라서 커패시

터의 임피던스 $Z_C$는

$$Z_L = \frac{V_C}{I_C} = j\omega L \tag{41}$$

이 된다. $V_L = j\omega L I_L = e^{j\pi/2}\omega L I_L = \omega L I_m e^{j\omega t} e^{j(\theta+\pi/2)}$이므로 $V_L$이 $I_L$보다 위상이 $\pi/2$(=90도) 앞선다.

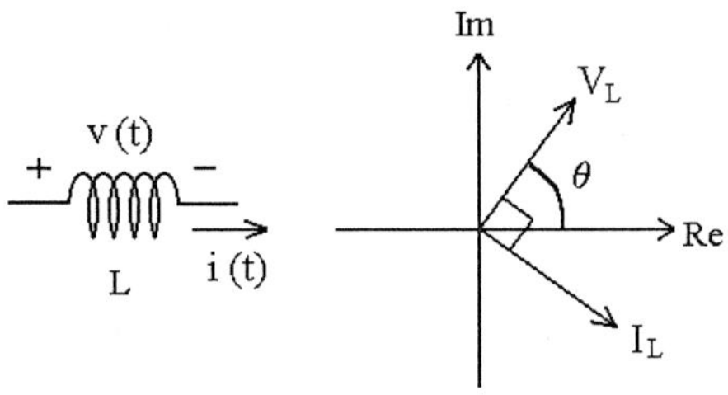


[그림 4-9] 인덕터에서의 전압과 전류

Phasor와 임피던스로 회로를 해석할 때에는, 마치 직류 전원과 저항만으로 구성된 회로를 해석하는 것과 같이 하면 된다. 즉

| | |
|---|---|
| Ohm의 법칙 | $V = IZ$ |
| KVL | $\sum V = 0$ |
| KCL | $\sum I = 0$ |

세 가지를 적용하면 된다. 단지 전원과 저항이 복소수라는 것을 주의하고, 해석 후 실제 전압과 전류를 얻을 때에는 식 (37)와 같이 $e^{j\omega t}$ 항을 곱한 다음 실수부만 취하면 된다.

이제 임피던스의 직렬 및 병렬 연결에 대한 예를 한 가지씩 들어 보자. [그림 4-10]에 RLC 직렬 회로가 있고 각주파수가 $\omega$이고 진폭인 $V_m$이며 위상지연이 0인 정현파 전압이 인가되어있다고 하자.

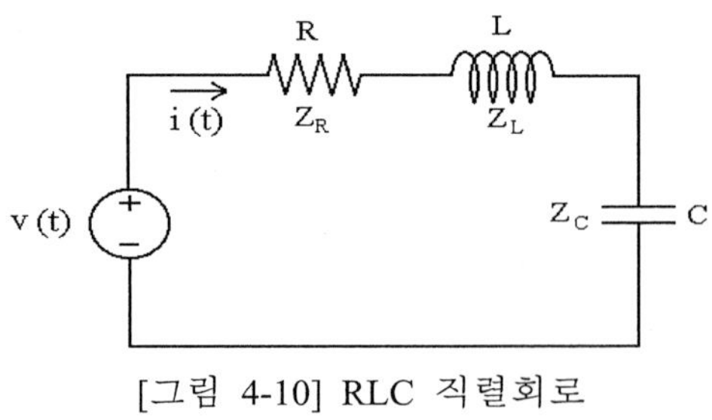


[그림 4-10] RLC 직렬회로

세 가지 임피던스가 직렬로 연결되어 있으므로 전체 등가 임피던스는

$$\begin{aligned} Z_{eq} &= Z_R + Z_L + Z_C \\ &= R + j\omega L + 1/(j\omega C) \\ &= R_{eq} + jX_{eq} \end{aligned} \tag{42}$$

이다. 여기서 $R_{eq}$와 $X_{eq}$는 등가 임피던스 $Z_{eq}$의 실수부와 허수부로 저항 및 리액턴스 성분을 의미한다. 이 회로에 흐르는 전류는 $\mathrm{I} = \mathrm{V}/Z_{eq}$이므로

$$\mathrm{I} = \frac{V_m \angle 0^{\circ}}{R + j\left(\omega L - \dfrac{1}{\omega C}\right)} = I_r + jI_i \tag{43}$$

이 된다. 여기서 $I_r$과 $I_i$는 각각 I의 실수부와 허수부를 나타낸다. 실제 전류는 $i(t) = \mathrm{Re}\{\mathrm{I}e^{j\omega t}\}$가 되고 인덕터에 걸리는 Phasor 전압은 $\mathrm{V}_L = j\omega L\mathrm{I}$ 이고 실제 전압은 $v_L(t) = \mathrm{Re}\{\mathrm{V_L}e^{j\omega t}\}$가 된다. 이 회로에 흐르는 전류의 실제 진폭은 단순히 복소수(즉, Phasor)의 크기가 되므로 $|\mathrm{I}| = \sqrt{\mathrm{I}\mathrm{I}^*} = \sqrt{I_r^2 + I_i^2}$ 가 된다. 여기서 *는 복소 공액을 의미한다. 또 $\mathrm{I} = \mathrm{V}/Z_{eq}$이므로 $|\mathrm{I}| = |\mathrm{V}|/|Z_{eq}| = V_m/\sqrt{R_{eq}^2 + X_{eq}^2}$ 이 된다.

만약 위 예의 전압원이 [그림 4-11]과 같은 RC 병렬회로에 인가되면, 등가 임피던스는

$$\frac{1}{Z_{eq}} = \frac{1}{Z_R} + \frac{1}{Z_C} \tag{44}$$

이므로

$$\begin{aligned} Z_{eq} &= \frac{Z_R Z_C}{Z_R + Z_C} \\ &= \frac{\dfrac{R}{j\omega C}}{R + \dfrac{1}{j\omega C}} = \frac{R}{1 + j\omega RC} \end{aligned} \tag{45}$$

가 된다. 결국 복소수라는 것에 유의하면서 저항 회로와 마찬가지로 해석하면 되는 것이다.

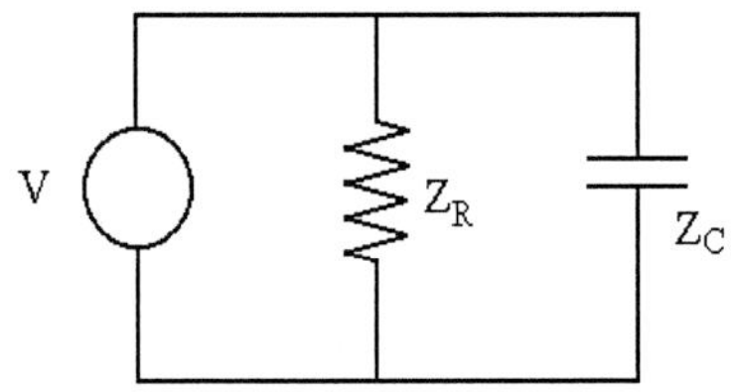


[그림 4-11] RC 병렬회로의 예

또한, L과 C가 있는 교류 회로에서 이들 소자의 임피던스는 인가 신호 또는 전압의 (각)주파수에 대한 함수이다. 이를 이용하여 여러 가지의 주파수를 갖는 신호들 가운데 특정 범위의 주파수를 갖는 신호만을 걸러 내거나 막을 수 있는데, 이를 filter라 부른다. 이상적인 filter는 [그림 4-12]과 같이 4 가지로 분류할 수 있다. 이 장에서는 저역 통과 (low pass) filter와 고역 통과 (high pass) filter 두 가지만 다루고 나머지는 다음 장에서 다룰 것이다.

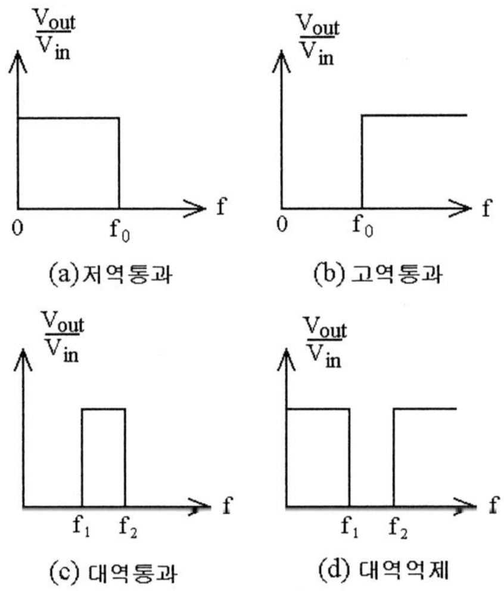


[그림 4-12] 네 가지 종류의 이상적인 filter의 주파수 응답 특성. $V_{\in}$은 인가 전압(신호)의 진폭을, $V_o$는 출력 전압(신호)의 진폭을 의미한다.

## 2.7. 저역 통과 RC 필터 회로

[그림 4-13]와 같은 RC 회로가 있고 인가전압이 $v(t) = V_m \cos\omega t$ 일 때, 커패시터에 걸리는 전압 $V_C$를 주파수의 함수로 표현해 보자.

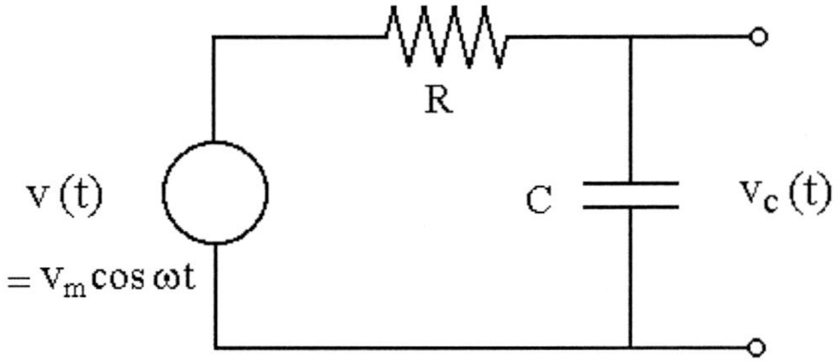


[그림 4-13] 저역 통과 RC 필터 회로

Phasor를 사용하여 C에 걸리는 전압, 즉 출력 전압을 계산하면

$$\mathrm{V}_C = \frac{Z_C}{Z_R + Z_C}\mathrm{V} = \frac{1}{1 + j\omega RC}\mathrm{V} \tag{46}$$

이 된다. 여기서 V는 입력 전압의 Phasor이다. 입력에 대한 출력 전압의 비를 생각하면

$$\frac{\mathrm{V}_C}{\mathrm{V}} = \frac{1}{1 + j\omega RC} = \frac{1}{\sqrt{1 + \omega^2 R^2 C^2}\ \angle \tan^{-1}\omega RC} \tag{47}$$

이 된다. 주파수가 높아지면 출력이 작아지므로 낮은 주파수 신호만을 출력으로 잘 전달한다. 식 (47)는 다음과 같이 쓸 수 있다.

$$\frac{\mathrm{V}_C}{\mathrm{V}} = \frac{1}{1 + j\dfrac{\omega}{\omega_0}} = \frac{1}{\sqrt{1 + \dfrac{\omega^2}{\omega_0^2}}} exp\left(-j\tan^{-1}\frac{\omega}{\omega_0}\right) \tag{48}$$

여기서 $\omega_0 = 1/RC$ 이다. 식 (48)의 크기만 생각하면

$$\left|\frac{\mathrm{V}_C}{\mathrm{V}}\right| = \frac{1}{\sqrt{1 + \left(\dfrac{\omega}{\omega_0}\right)^2}} \tag{49}$$

가 된다. 식 (48) 또는 (49)를 주파수 함수로 그릴 때에는 선형 스케일로 그릴 수도 있지만 보통 관습적으로 로그 (log) 스케일로 그린다. 이를 위해 데시벨 (decibel: dB)의 단위를 도입하자. 식 (48)과 같은 전압비의 경우 이를 dB 단위로 표현하면

$$G = 20\log\frac{V_C}{V}\,dB \tag{50}$$

이 된다. 식 (49)를 dB로 표현하면

$$G = 20\log\left|\frac{V_C}{V}\right| = 20\log\frac{1}{\sqrt{1+\left(\frac{\omega}{\omega_0}\right)^2}} = -10\log\left[1+\left(\frac{\omega}{\omega_0}\right)^2\right] \tag{51}$$

주파수가 매우 낮아서 $\omega \approx 0$ 이면 $G \approx -10\log[1] = 0$ 이 된다. 만약 주파수가 매우 높아서 $\omega/\omega_0 \gg 1$ 이면 $G \approx -20\log(\omega/\omega_0)$ 가 된다. [그림 10-3(a)]에 $G$를 $\omega/\omega_0$에 대해 그렸다. [그림 4-14(b)]에는 식 (48)에서 위상각 $-\tan^{-1}(\omega/\omega_0)$를 $\omega/\omega_0$에 대해 그린 것이다.

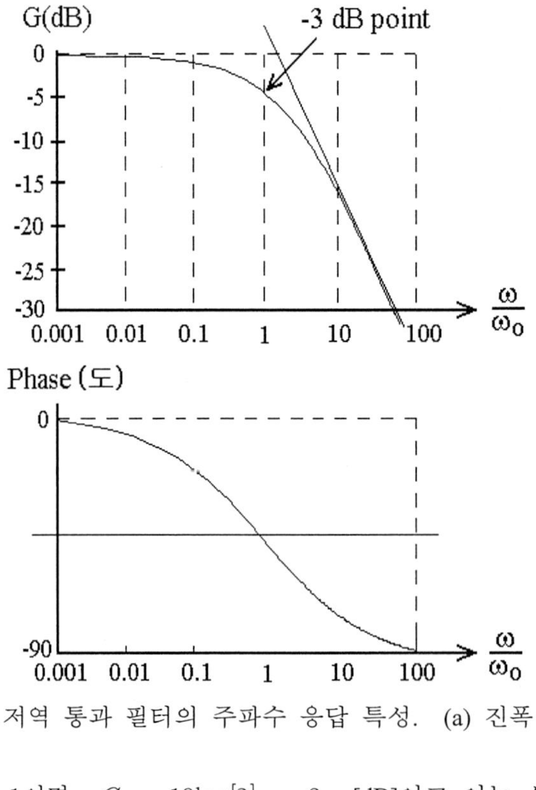


[그림 4-14] 저역 통과 필터의 주파수 응답 특성. (a) 진폭 (b) 위상

만약 $\omega/\omega_0 = 1$이면 $G = -10\log[2] = -3$ [dB]이고 이는 식 (4)에서 C에 걸리

는 전압의 진폭이 인가전압의 진폭에 비해 0.707로 작아지는 지점이 된다. 이 때 저항 R에 걸리는 전압도 인가전압의 진폭에 비해 0.707로 작아진다. 전력으로 고려하면 전력은 전압의 제곱에 비례하므로 $\omega/\omega_0 = 1$인 지점은 전력이 반으로 줄어드는 지점이라고도 말한다. 실제 필터에서의 cutoff 주파수는 [그림 4-12(a)]의 이상적인 경우에서 보는 것처럼 칼로 자른 것 같지 않다. 실제 필터에서는 전력이 반으로 줄어드는 주파수 지점, 즉 $\omega = \omega_0$를 cutoff 주파수라고 말한다.

## 2.8. 저역 통과 RL 필터 회로

RL회로로 저역 통과 필터를 얻을 수 있는데 이를 [그림 4-15]에 나타내었다.

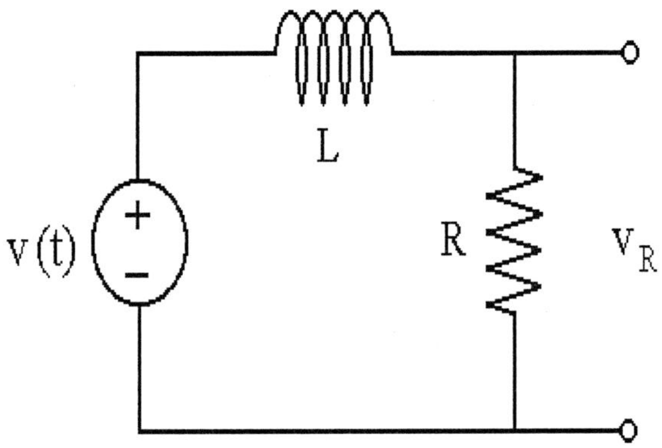


[그림 4-15] 저역 통과 RL 필터 회로

R에 걸리는 출력 전압은

$$V_R = \frac{Z_R}{Z_R + Z_L} V = \frac{R}{R + j\omega L} V = \frac{1}{R + j\omega \frac{L}{R}} V \tag{52}$$

이 되고 $\omega_0 = R/L$로 정의하면

$$\frac{V_R}{V} = \frac{1}{1 + j\frac{\omega}{\omega_0}} \tag{53}$$

이 되므로 식 (48)과 동일하다. 따라서 이에 대해서 다시 분석할 이유는 없다.

## 2.9. 고역 통과 RC 필터 회로

고역 통과 필터도 RC회로로 얻을 수 있는데 이를 [그림 4-16]에 나타내었다.

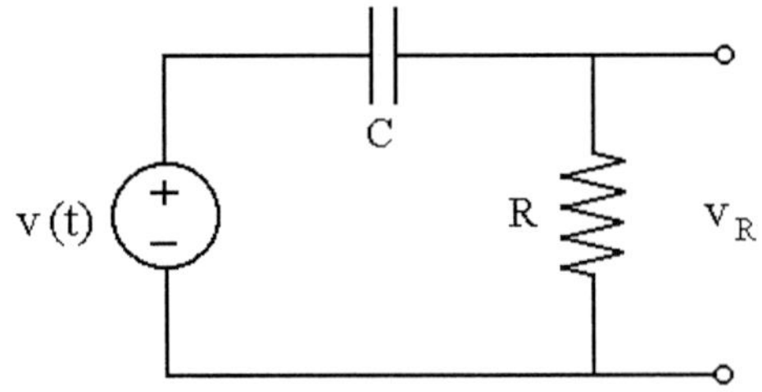


[그림 4-16] 고역 통과 RC 필터 회로

저항 R에 걸리는 출력 전압은

$$V_R = \frac{Z_R}{Z_R + Z_C} V = \frac{1}{1 - j\frac{1}{\omega RC}} V \tag{54}$$

이 된다. 여기서 $\omega_0 = 1/RC$ 로 두고, 입력에 대한 출력 전압의 비를 생각하면

$$\frac{V_C}{V} = \frac{1}{1 - j\frac{\omega_0}{\omega}} = \frac{1}{\sqrt{1 + \frac{\omega_0^2}{\omega^2}}} exp\left[-j\tan^{-1}\left(-\frac{\omega_0}{\omega}\right)\right] \tag{55}$$

이다. 식 (55)의 크기를 dB로 표현하면

$$G = 20\log\left|\frac{V_R}{V}\right| = 20\log\frac{1}{\sqrt{1 + \left(\frac{\omega_0}{\omega}\right)^2}} = -10\log\left[1 + \left(\frac{\omega_0}{\omega}\right)^2\right] \tag{56}$$

이 된다. 주파수가 매우 낮아서 $\omega_0/\omega \gg 1$ 이면 $G \approx -20\log(\omega_0/\omega)$ 가 된다. 만약 주파수가 매우 높아서 $\omega_0/\omega \approx 0$ 이면 $G \approx -10\log[1] = 0$ 이 된다. [그림 4-17(a)]에 $G$를 $\omega/\omega_0$ 에 대해 그렸다. [그림 4-17(b)]에는 식 (55)에서 위상각 $-\tan^{-1}(-\omega_0/\omega)$를 $\omega/\omega_0$ 에 대해 그린 것이다.

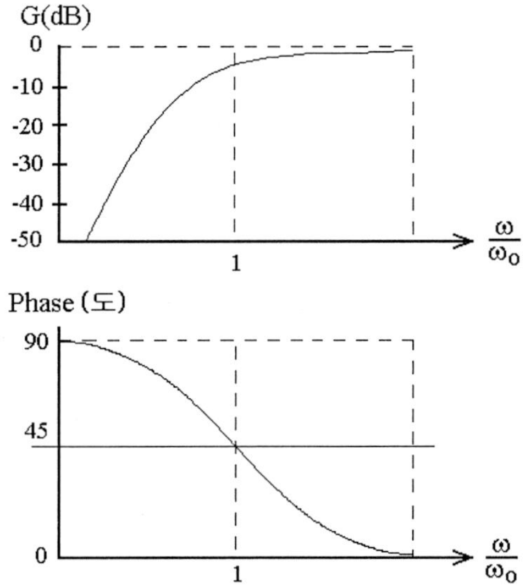


[그림 4-17] 고역 통과 필터의 주파수 응답 특성. (a) 진폭 (b) 위상

여기서도 $G = -10\log[2] = -3$ [dB]이 되는 $\omega = \omega_0$ 를 cutoff 주파수라고 말한다.

## 2.10. 고역 통과 RL 필터 회로

고역 통과 RL filter를 [그림 4-18]에 나타내었다. 위에서 본 것처럼 고역통과 RL 필터의 특성도 $\omega_0 = R/L$ 로 정의하면 식 (55)과 동일하므로 더 이상 논의하지 않는다.

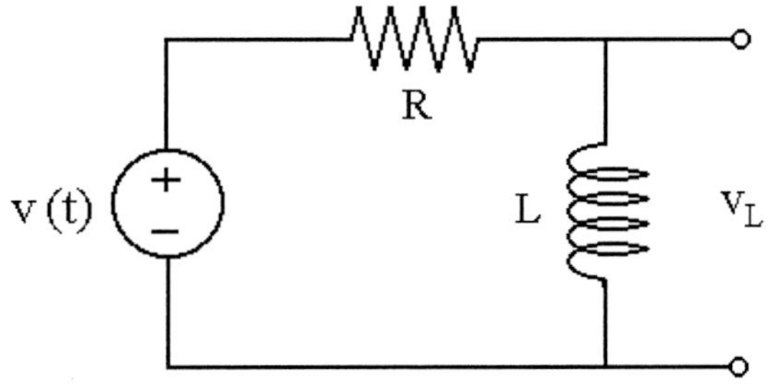


[그림 4-18] 고역 통과 RL 필터 회로

## 2.11. 직렬 공진회로

이미 RLC 회로를 임피던스와 phasor를 가지고 분석한 적이 있다. 여기서는 RLC에서의 공진 특성을 조사해 보기로 한다. [그림 4-19]과 같은 직렬 RLC 회로를 생각하자.

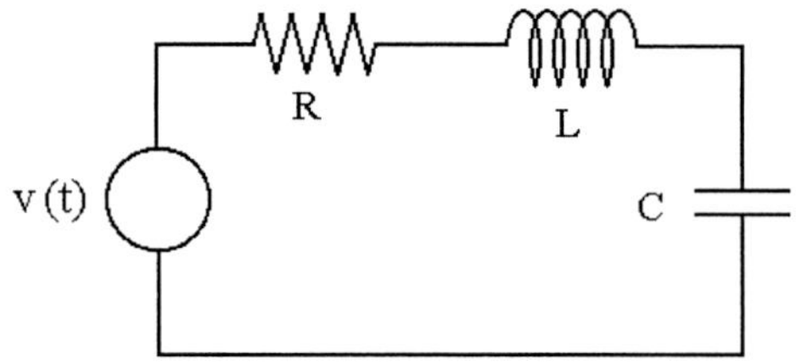

[그림 4-19] 직렬 RLC 공진 회로

전체 임피던스는

$$Z = R + j\omega L + \frac{1}{j\omega C} = R + j\left(\omega L - \frac{1}{\omega C}\right) \tag{57}$$

이다. 따라서 이 회로에 흐르는 복소 전류는

$$\mathrm{I} = \frac{\mathrm{V}}{R + j\left(\omega L - \frac{1}{\omega C}\right)} \tag{58}$$

이다. 여기서 $\omega \to \infty$이면 전류는 0에 수렴함을 알 수 있다. 이는 인덕터가 개방회로로 보이기 때문이다. 또 $\omega \to 0$이어도 전류는 0에 수렴한다. 이번에는 커패시터가 개방회로처럼 되어 회로에 전류가 흐를 수 없는 것이다. 식 (58)를 살펴보면 전류가 최대가 되는 적절한 각주파수가 있음을 알 수 있다. 이는 바로 식 (57)의 임피던스의 크기

$$|Z| = \sqrt{R^2 + \left(\omega L - \frac{1}{\omega C}\right)^2} \tag{59}$$

가 최소가 될 때이다. 이는

$$\omega L - \frac{1}{\omega C} = 0 \quad \text{또는}$$

$$\omega^2 LC = 1 \tag{60}$$

일 때이고, 이 경우

$$|Z| = R \tag{61}$$

가 되어 전체 임피던스가 순수한 저항처럼 보이게 된다. 그리고 회로에 흐르는 전류는 최대가 되며, 따라서 저항에 걸리는 전압도 최대가 된다. 즉, 전체 임피던스의 허수부분 (리액턴스 부분)이 0이 되면, 회로는 공진 상태에 있다고 말하고 이 조건 즉 식 (60)를 만족하는 주파수를 공진 주파수라고 부른다. 직렬 RLC 회로에서의 공진 주파수는

$$\omega_0 = \frac{1}{\sqrt{LC}} \tag{62}$$

가 된다. 직렬 공진회로에서 흐르는 전류의 크기와 임피던스의 크기를 각주파수에 대해 그린 그림이 [그림 4-20]이다.

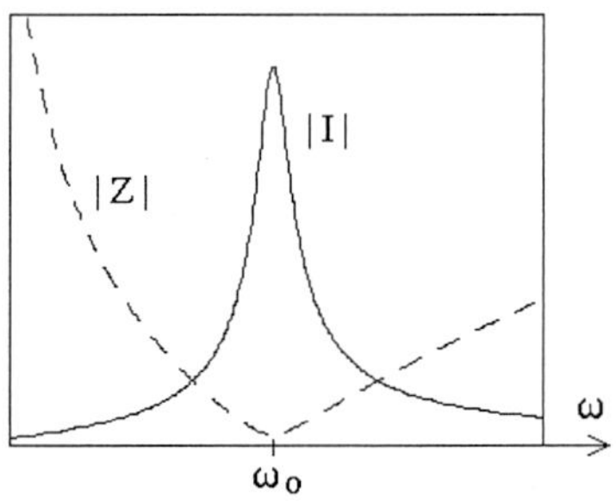


[그림 4-21] 직렬 RLC 회로에서의 각주파수에 대한 임피던스 크기와 전류의 진폭

전류의 위상도 (각)주파수의 함수이다. 식 (57)에서 임피던스의 위상각은

$$\theta = \tan^{-1}\left(\frac{\omega L - \dfrac{1}{\omega C}}{R}\right) \tag{63}$$

이 된다. 이 회로에 인가되는 전압에 대해, 흐르는 전류의 위상지연은 식 (63)의 임피던스 위상 값에 음수를 취한 값이다. [식 (58) 참고.] 이 전류의 위상지연을 [그림 4-22]에 나타내었다.

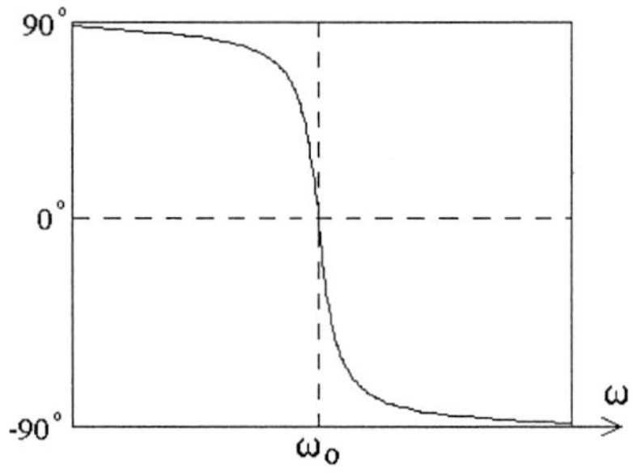


[그림 4-22] 직렬 RLC 회로에서 각주파수의 변화에 따른 전류의 위상 지연

이 그림에서 볼 수 있는 것처럼 저역 및 고역 통과 필터에서 위상지연의 변화가 0도에서 90도까지 변하는 것과는 달리, 이 경우 위상 지연의 변화가 180도까지 바뀌는 것을 볼 수 있다. 이는 L과 C의 두 리액턴스 성분 때문이다.

[그림 4-21]에 회로에 흐르는 전류의 크기를 나타내었는데, 이는 저항에 걸리는 전압과 비례하는 양이다. 따라서 저항에 걸리는 전압을 출력전압으로 사용한다면, 직렬 공진회로는 대역 통과 필터로 사용할 수 있다. 이는 주파수가 공진 주파수 $\omega_0$ 근처에서는 출력 신호가 크지만 매우 높은 주파수나 낮은 주파수에서는 각각 L과 C가 개방회로의 역할을 해서 전류가 흐르지 않고 따라서 저항에 전압이 나타나지 않기 때문이다. 앞 3장에서의 [그림 3-4(c)]와 비교해 보라. 반대로, 출력을 LC에 걸리는 전압으로 택하면 [그림 3-4(d)]와 같은 특성을 갖는 대역 저지 필터가 된다. 이는 주파수가 매우 높거나 낮을 때에는 개방회로로 작용하여 입력 신호의 전압이 거의 그대로 전달되지만 공진 주파수 근처에서는 LC 직렬 임피던스가 0에 가까워 전압이 0이 되기 때문이다. 여기서는 편의상 대역 통과 필터로 사용하는 예를 들겠다.

대역폭: [그림 4-23]에 나타낸 것처럼, 여기에서도 저역 통과 및 고역 통과 필터에서와 같은 이유로, 대역폭은 전류의 크기가 최대치에서 $1/\sqrt{2}$ (=0.707)로 감소하는 두 지점 사이의 주파수 폭으로 정의한다. (전력의 관점에서는 1/2로 감소하는 두 지점 사이.)

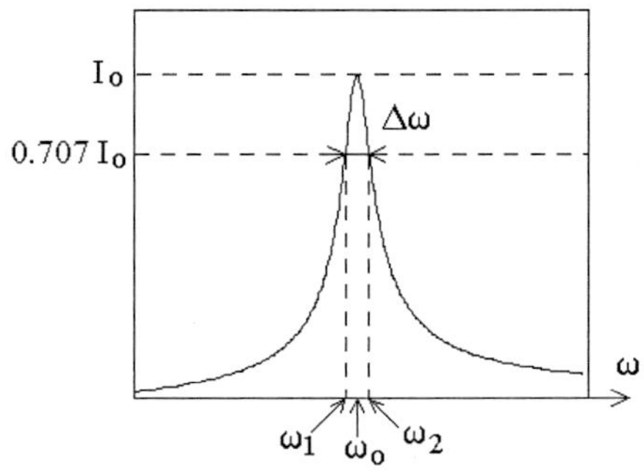


[그림 4-23] 직렬 RLC 공진 회로에서의 주파수 응답과 대역 폭

이제 식 (58)로부터 대역폭을 구해보자. 전류의 크기는

$$|\mathrm{I}| \equiv I = \frac{V_m}{\sqrt{R^2 + \left(\omega L - \frac{1}{\omega C}\right)^2}} \tag{64}$$

이고, 공진 지점에서 회로에 흐르는 최대 전류는 $V_m/R \equiv I_0$ 이 되므로 식 (64)의 우변의 분모 분자를 모두 $R$로 나누고 정리하면

$$\frac{I}{I_0} = \frac{1}{\sqrt{1 + \left(\frac{\omega L}{R} - \frac{1}{\omega RC}\right)^2}} \tag{65}$$

이 된다. cutoff 주파수는 식 (65)가 $1/\sqrt{2}$ 로 감소하는 두 지점이므로, 이 조건은 $[\omega L/R - 1/(\omega RC)]^2 = 1$ 이다. 즉,

$$\frac{\omega L}{R} - \frac{1}{\omega RC} = 1 \quad \text{및}$$

$$\frac{\omega L}{R} - \frac{1}{\omega RC} = -1 \tag{66}$$

이다. 식 (66)으로부터 $\omega$에 대한 두 개의 2차 방정식을 얻고 근을 구하면

$$\omega = \frac{R}{2L} \pm \sqrt{\left(\frac{R}{2L}\right)^2 + \frac{1}{LC}} \quad \text{및}$$

$$\omega = -\frac{R}{2L} \pm \sqrt{\left(\frac{R}{2L}\right)^2 + \frac{1}{LC}} \tag{67}$$

이 되고 음의 각주파수는 물리적으로 의미가 없으므로 ±부호에서 −는 제외 한다. 그러면

$$\omega_1 = -\frac{R}{2L} + \sqrt{\left(\frac{R}{2L}\right)^2 + \frac{1}{LC}} \quad < \omega_0$$

$$\omega_2 = \frac{R}{2L} + \sqrt{\left(\frac{R}{2L}\right)^2 + \frac{1}{LC}} < \omega_0 \tag{68}$$

을 얻는다. 대역폭은 간단히

$$\Delta\omega = \omega_2 - \omega_1 = \frac{R}{L} \tag{69}$$

이 됨을 알 수 있다. L에 비해 R 값이 작을수록 대역폭이 좁아지고 주파수 선택성이 좋아진다

Q factor: 공진회로의 “질(quality=Q)”은 주파수 응답 특성이 얼마나 좁고 뾰족한가로 판단한다. 이 Q 값을 quality factor 또는 Q factor라고 부르고, 정량적으로 대역폭에 대한 공진 주파수의 비로 정의한다. 직렬 공진회로에서의 Q factor는

$$Q_s = \frac{\omega_0}{\Delta\omega} = \frac{\omega_0 L}{R} = \frac{1}{\omega_0 RC} = \frac{1}{R}\sqrt{\frac{L}{C}} \tag{70}$$

이 된다.

## 2.12. 병렬 RLC 공진 회로

[그림 4-24]에 나타낸 RLC 병렬 회로에서도 공진이 발생한다. 이번에는 이 회로에 걸리는 전압을 계산하여 이 전압을 가지고 앞의 직렬 공진 회로에서와 마찬가지로 분석하면 된다.

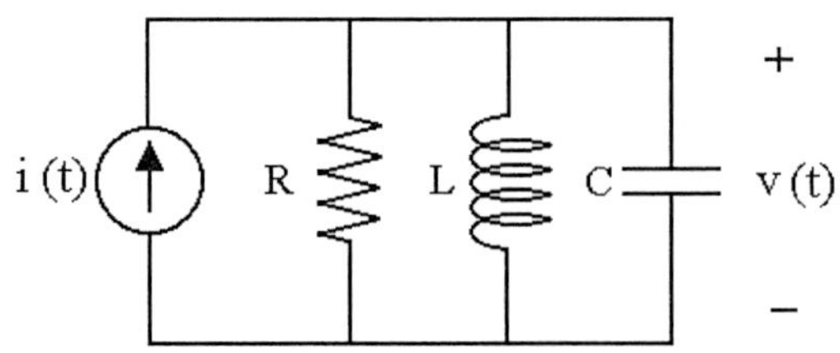


[그림 4-24] 병렬 RLC 공진회로

병렬 회로이므로 전체 임피던스는

$$\frac{1}{Z} = \frac{1}{R} + \frac{1}{j\omega L} + j\omega C = \frac{1}{R} + j\left(\omega C - \frac{1}{\omega L}\right) \tag{71}$$

이 만족되고 따라서

$$|Z| = \frac{1}{\sqrt{\frac{1}{R^2} + \left(\omega C - \frac{1}{\omega L}\right)^2}} \tag{72}$$

이다. 그리고 이 병렬 회로에 걸리는 전압은 V = I$Z$ 이다. 여기에서도 공진이 일어나는 조건은 전체 리액턴스 성분이 0이 되는 지점과 같고 이 지점은 $\omega C - 1/(\omega L) = 0$ 이므로 공진 주파수는 직렬회로와 마찬가지로

$$\omega_0 = \frac{1}{\sqrt{LC}} \tag{73}$$

이 된다. cutoff 주파수도 전과 마찬가지 방식으로 구하면

$$\omega_1 = -\frac{1}{2RC} + \sqrt{\frac{1}{(2RC)^2} + \frac{1}{LC}} \quad < \omega_0$$

$$\omega_2 = \frac{1}{2RC} + \sqrt{\frac{1}{(2RC)^2} + \frac{1}{LC}} > \omega_o \tag{74}$$

이 된다. 따라서 대역폭은

$$\Delta\omega = \omega_2 - \omega_1 = \frac{1}{RC} \tag{75}$$

이므로 R이 클수록 뾰족한 주파수 응답을 얻는다. 병렬 RLC 공진 회로에서의 Q factor는

$$Q_p = \frac{\omega_0}{\Delta\omega} = \omega_0 RC = \frac{R}{\omega_0 L} = R\sqrt{\frac{C}{L}} \tag{76}$$

이 된다.

## 3. 관련이론 습득

**3.1.** 저항이 **1**㏀이고 커패시턴스가 **10**㎌인 커패시터가 연결된 **R-C** 회로의 시정수는 몇 초인가?

**3.2.** 저항이 **470**Ω이고 인덕턴스가 **500mH**인 인덕터가 직렬로 연결된 **R-L**회로의 시정수는 몇 초인가?

**3.3.** 직렬 **RLC** 회로에서 인덕터의 인덕턴스가 **100mH**이고 커패시터의 커패시턴스는 **0.1**㎌이다. **critical damping**이 발생하기 위한 저항 값은 얼마인가?

**3.4.** **[**그림 **4-25]**와 같이 병렬 **RLC** 회로가 있다. 이 회로에서의 고유응답을 알기 위한 미분방정식은 무엇인가? 그리고 **over damping, critical damping, under damping**이 발생할 조건을 각각 구하라.

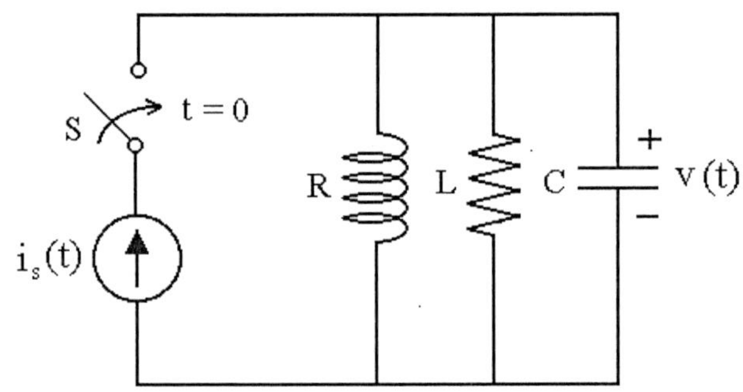


[그림 4-25] 병렬 RLC 회로

**3.5.** **[**그림 **4-26]**과 같이 **1**㎌ 커패시터와 **100**Ω 저항이 직렬로 연결되어 있고 $v(t) = 5\cos 6280t$ **[V]**가 인가되었다.

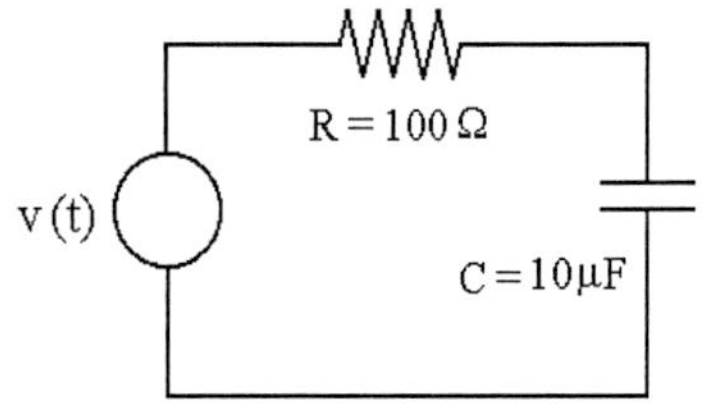


[그림 4-26] RC 직렬회로

**3.5.1.** 이 전압원의 주파수 $f$는?

**3.5.2.** 이 전압원의 **Phasor** 표현은?

**3.5.3.** 이 회로의 등가 임피던스는?

**3.5.4.** 이 회로에 흐르는 전류의 **Phasor** 표현과 실제 시간 축에서의 표현은?

**3.5.5.** 각 소자에서의 전압과 전류의 **Phasor** 표현을 쓰고 복소수 평면에서 벡터로 나타내어라 **(Phasor**도를 그려라**)**.

## 3.6. [그림 4-27]을 보고 다음 물음에 답하라. 단 $v(t) = 12\cos 6280t$ [V]

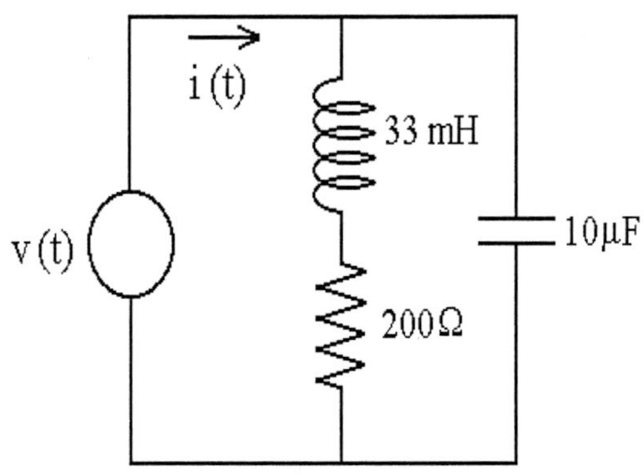


[그림 4-27] 임피던스와 Phasor를 구하는 예

**3.6.1.** 저항, 인덕터, 커패시터 각각의 임피던스는?

**3.6.2.** 이 전원이 공급하는 전류의 **Phasor** 표현과 실제 시간 영역에서 전류는?

**3.6.3.** 각 소자에 걸리는 전압과 전류의 **Phasor** 표현과 이에 대응되는 실제의 전압과 전류를 구하라. 그리고 복소수 평면에서 이들 전압 전류들에 대한 **Phasor**도를 그려라.

**3.7.** 교류 회로에서는 커패시터는 주파수에 따라 값이 변하는 저항이라고 볼 수 있다. 커패시터의 임피던스 크기는 $|Z_C| = X_C = 1/(2\pi f C)$가 된다. 주파수가 높아지면 단락회로로, 주파수가 낮아지면 개방회로로 볼 수 있다. 즉,

$$f \to \infty, \quad X_C \to 0 \qquad\qquad f \to 0, \quad X_C \to \infty$$

이다. 이제 [그림 4-16]와 같은 고역 통과 필터를 생각하자. 이때, 인가전압의 주파수 $f$는 100Hz에서 100kHz까지 변한다. 저항 $R=$ 470Ω이고, $C=$ 0.22㎌이다. 이때 다음의 값을

$$\left|\frac{V_R}{V}\right| = \frac{1}{\sqrt{1+\dfrac{1}{(2\pi f RC)^2}}} \tag{77}$$

log-log 그래프에 $f$를 축으로 하여 그려라. 단 데이터 점으로 100Hz, 300Hz, 1 kHz, 3kHz, 10kHz, 30kHz, 및 100Hz를 반드시 포함시킬 것. 그리고 그림에 cutoff 주파수 지점을 표시하라.

$$\frac{1}{\sqrt{1+(\dfrac{1}{2\pi fRC})^2}} \qquad cutoff = \frac{1}{RC} = 1539\,Hz \;,\; w_0 = \frac{R}{L} = 1496$$

| Hz | $2\pi RCj$ | $\frac{1}{(2\pi RC)^2}$ | $\frac{1}{\sqrt{1+(\frac{1}{(2\pi RC)^2})}}$ |
|---|---|---|---|
| 100Hz | | | |
| 300Hz | | | |
| 1KHz | | | |
| 3KHz | | | |
| 10KHz | | | |
| 30KHz | | | |
| 100KHz | | | |

마찬가지로 교류 회로에서 인덕터도 주파수에 따라 값이 변하는 저항이라고 볼 수 있다. 인덕터의 임피던스 크기는 $|Z_L| = X_L = 2\pi fL$가 된다. 주파수가 높아지면 개방회로로, 주파수가 낮아지면 단락회로로 볼 수 있다. 즉,

$$f \rightarrow \infty, \quad X_C \rightarrow \infty \qquad\qquad f \rightarrow 0, \ X_C \rightarrow 0$$

이다. 이제 **[그림 4-18]**과 같은 고역 통과 필터를 생각하자. 이때, 인가전압의 주파수 $f$는 **100Hz**에서 **100kHz**까지 변한다. 저항 $R=$ **470Ω**이고 $L=$ **50mH**이다. 이때 다음의 값을

$$\left|\frac{V_R}{V}\right| = \frac{1}{\sqrt{1+\frac{(2\pi fL)^2}{R^2}}} \tag{78}$$

**log-log** 그래프에 $f$를 축으로 하여 그려라. 단 데이터 점으로 **100Hz, 300Hz, 1kHz, 3kHz, 10kHz, 30kHz,** 및 **100kHz**를 반드시 포함시킬 것. 그리고 그림에 **cutoff** 주파수 지점을 표시하라.

| Hz | $\sqrt{1+\frac{(2\pi fL)^2}{R^2}}$ | $\frac{1}{\sqrt{1+\frac{(2\pi fL)^2}{R^2}}}$ |
|---|---|---|
| 100Hz : $4.468\times10^{-3}$ | | |
| 300Hz : $40.211\times10^{-3}$ | | |
| 1KHz : 0.446 | | |
| 3KHz : 4.021 | | |
| 10KHz : 44.679 | | |
| 30KHz : 402.118 | | |
| 100KHz : 4467.906 | | |

$$cutoff = \frac{R}{L} = 1496Hz$$

[그림 4-28]과 같은 직렬 공진회로가 있다. L의 인덕턴스는 50mH, C의 커패시턴스는 0.1㎌ 그리고 R의 저항 값은 1㏀이다.

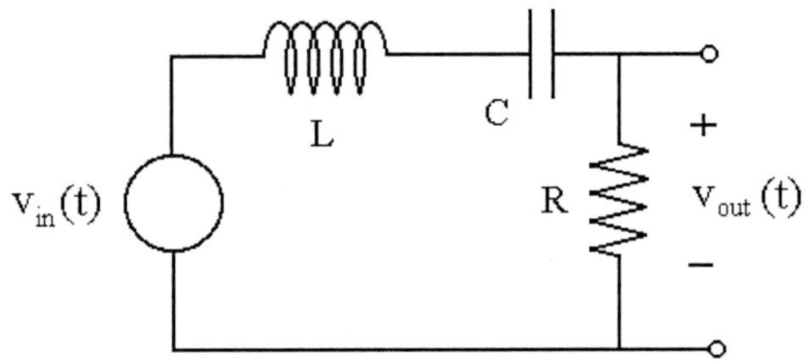


[그림 4-28] 대역 통과 필터로서의 직렬 RLC 공진 회로

**3.8. 공진주파수 $f_0 = \omega_0/(2\pi)$ 는 얼마인가?**

**3.9. cutoff 주파수 $f_1$과 $f_2$는 얼마인가? 또 대역폭은 얼마인가?**

**3.10. Q factor는 얼마인가?**

**3.11.** 입출력 **phasor** 전압의 크기 비를 $|V_{out}|/|V_{\in}| \equiv |A(\omega)|$ 라 하자. 그러면 이는 전압 분배에 따라 $R/|Z|$가 된다. 그러므로

$$|A(\omega)| = \frac{R}{\sqrt{R^2 + \left(\omega L - \frac{1}{\omega C}\right)^2}} = \frac{1}{\sqrt{1 + \left(\frac{\omega L}{R} - \frac{1}{\omega RC}\right)^2}} \tag{79}$$

이 된다. 주파수 $f$의 범위가 **100Hz**에서 **15kHz**로 변할 때, $|A(\omega)|$를 **log-log** 그래프에 그려라. 가로축을 $f$로 하고 특히 $f_0$근처를 자세히 그릴 것.

| 주파수 | $\lvert A(\omega)\rvert$ | dB | 주파수 | $\lvert A(\omega)\rvert$ | dB |
|---|---|---|---|---|---|
| 100Hz | | | 3KHz | | |
| 300Hz | | | 4.3KHz | | |
| 1.2KHz | | | 10KHz | | |
| 2.25KHz | | | 100KHz | | |

# 4. 실험기자재 및 부품

## 4.1. 사용기기

- 오실로스코프
- 함수발생기
- 디지털 멀티미터

## 4.2. 사용부품

- 1kΩ 저항, 470Ω 저항, 10kΩ 가변저항
- 33μH 인덕터, 47μH 인덕터, 100μH 인덕터, 470μH 인덕터
- 10㎌의 커패시터, 0.1㎌의 커패시터

# 5. 실험방법 및 순서

**5.1. 신호 발생기의 출력이 5V의 진폭(peak-to-peak 전압이 10 V)을 갖는 10Hz 안팎의 구형파가 되도록 설정하고(duty cycle은 50%가 되도록 함), 1kΩ 저항과 10㎌의 커패시터가 직렬 연결된 회로에 인가하라. 이 때 저항과 커패시터에 나타나는 전압 파형을 오실로스코프로 관측하고 그려라. 이 그림으로부터 시정수를 구해보라.**

**5.2. 신호 발생기의 출력이 5V의 진폭을 갖는 200Hz 안팎의 구형파(square wave)가 되도록 설정하고(duty cycle은 50%가 되도록 함), 470Ω 저항과 470μH의 인덕터가 직렬 연결된 회로에 인가하라. 이 때 저항과 인덕터에 나타나는 전압 파형을 오실로스코프로 관측하고 그려라. 이 그림으로부터 시정수를 구해보라.**

**5.3. 신호 발생기의 출력이 5V의 진폭을 갖는 구형파가 되도록 설정하고(주파수와 duty cycle은 측정이 편리하도록 각자 적절히 정할 것), 470Ω 저항, 10kΩ의 가변 저항, 100μH의 인덕터, 0.1㎌의 커패시터**

를 직렬로 연결한 회로에 인가하라. 가변저항을 조정함으로써 **over damping, critical damping, under damping**이 발생하는 조건을 각각 **1** 가지씩 찾고, 각각의 경우에 있어서 **R, L, C**에 나타나는 전압 파형을 그려라. (단, 전체 저항 값, 인가한 구형파의 주파수와 **duty cycle**을 명기할 것.)

**5.4.** [그림 **4-26**]과 같이 **4.7㎌** 커패시터와 **100Ω** 저항이 직렬로 연결하고 $v(t) = 5\cos 6280t$ **[V]**를 인가하라. 이 때, 저항 및 커패시터에 걸리는 전압 파형을 관측하고 스케치하여라.

**5.5.** [그림 **4-26**]의 회로에 흐르는 전류의 파형은 어떠한지 스케치하라. 커패시터에 걸리는 전압 파형과 그 위상을 비교하라.

**5.6.** [그림 **4-26**]에서 커패시터와 **100Ω** 저항 대신에 **33μH**의 인덕터와 **200Ω** 저항을 직렬연결하고 앞 **1**과 **2**의 측정을 반복하라.

**5.7.** [그림 **4-27**]의 회로를 구성하고 각 소자에 걸리는 전압 파형을 스케치하라. 단 오실로스코프의 채널 **1**로 인가 전압 파형을 디스플레이하고 채널 **2**로 각 소자의 전압 파형을 디스플레이 할 것. 측정된 파형과 이론적으로 예측한 파형을 비교하라.

**5.8.** 브레드보드에 위 실험 준비에서 사용한 **R**과 **C**를 사용하여 고역 통과 및 저역 통과 회로를 구성하라. (두 개의 회로를 따로 구성할 필요가 없다.) 신호발생기에서 **dc offset**이 없는 정현파를 입력 신호(전압)로 사용하라. 단 인가 전압의 진폭은 **2.5V**이다. (또는 **peak-to-peak**로 **5V**이다.) 그리고 오실로스코프의 채널 **1**과 **2**로 인가전압과 출력

전압 파형을 $f=$ **100Hz, 300Hz, 1kHz, 3kHz, 10 kHz, 30kHz,** 및 **100kHz**일 때 관측하고 이들을 그려라.

**5.9.** 고역 통과의 경우, 예비실험에서 그린 식 **(77)**의 그림에, 실험에서 측정한 식 **(77)**의 값을 겹쳐서 그려라.

**5.10.** 실험과 이론이 같은가? 다르다면 그 이유는 무엇이라고 생각하는가?

**5.11.** 측정에 사용하는 주파수 범위에서 입력 신호에 대해 출력 신호의 위상차를 정성적으로 기술하라. 참고로, 오실로스코프 판넬에서 에서, 입력 파형의 주기를 $T$라 하고, 출력 파형의 이동된 시간을 $\Delta T$라 할 때, 위상지연을 각도로 표기하면 "위상 지연 $=(\Delta T/T)\times 360$도" 가 된다.

| | 저역필터 | 고역필터 |
|---|---|---|
| 1kHz | | |
| 3kHz | | |
| 10kHz | | |

**5.12.** 위 **5.8-5.1** 실험을 **RL** 회로에 대해서 반복하라.

**5.13.** **[**그림 **4-28]**의 회로를 구성하라. 신호 발생기에서 **peak-to-peak** 전압이 **5V**인 **dc offset**이 없는 정현파 신호를 얻고 이를 이 회로의 인가전압으로 사용하라. **L**의 인덕턴스는 **47μH, C**의 커패시턴스는 **0.1㎌** 그리고 **R**의 저항 값은 **1㏀**이다.

**5.14.** 오실로스코프의 두 채널을 사용하여 입력 전압 파형과 출력 전압 파형을 관측하고 실험적으로 각 주파수에서 $|A(\omega)|$를 얻고 이를 예비 보고서에서 작성한 그래프 위에 중복하여 표기하라.

**5.15.** 공진 주파수 $f_0$와 두 **cutoff** 주파수 $f_1$과 $f_2$를 실험적으로 찾아라. 그리고 이들 결과를 예비 실험 보고서에서 이론적으로 얻었던 값과 비교하라.

**5.16.** 이론과 실험에 차이가 있는가? 차이가 있다면 그 이유는 무엇인지 설명하라.

**5.17.** **R**을 **2**㏀으로 바꾸어 위의 측정을 수행하라.

## 6. 주의사항 및 주요 관찰사항

- 사전에 오실로스코프와 함수발생기의 사용방법을 알고 실험에 임한다.
- 각 수동소자의 극성에 따른 정확한 결선을 하도록 한다.
- 저항, 인덕터, 커패시터의 각 소자의 특성을 알아본다.
- damping 조건에 유의하여 정확한 실험을 한다.
- 오실로스코프로 관찰되는 전압과 전류의 파형의 위상차를 확실히 확인한다.
- 이론적으로 예측한 파형과 측정된 파형이 일치 할 수 있도록 정확히 측정 한다.
- 오실로스코프의 스크린 마크를 이용하여 정확한 위상차를 측정하도록 한다.
- RLC 회로의 Q를 결정하는 요소는 무엇인지 파악한다.
- RLC 공진회로에서 전류와 임피던스가 주파수에 따라 어떻게 변화하는지를 주시한다.

# 실험5 다이오드

## 1. 실험 목적

본 실험을 통해

- 다이오드의 특성에 대해 이해한다.
- 다이오드 특성에 따른 순방향, 역방향 바이어스를 실험을 통해 확인하다.
- 여러 종류의 특수다이오드의 특성을 이해한다.

## 2. 기초이론

### 2.1. 일반 다이오드

다이오드는 가장 간단하고 기본적인 비선형 소자로서 유체를 한 방향으로만 흐르게 하는 밸브와 같이 전류를 한 방향으로만 흐르게 한다. 다이오드는 [그림 5-1(a)]와 같이 표현되며, 그 자체의 전압강하가 없다고 가정할 때(이상적인 다이오드) 전류-전압 특성은 [그림 5-1(b)]와 같다. 즉 점 A의 전압이 점 B의 전압보다 높을 때( $V_A > V_B$ : 순방향 바이어스) 이상적인 다이오드는 단락회로처럼 동작하며, 이와 반대의 경우( $V_A < V_B$ : 역방향 바이어스)에는 개방회로처럼 동작한다.

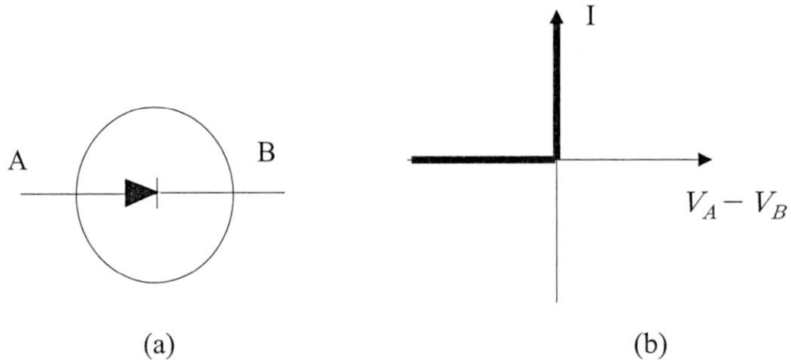


[그림 5-1] 다이오드의 심볼과 이상적인 전류-전압 특성

하지만 실질적으로는 [그림 5-1(b)]와 같이 동작할 수 없으며 다이오드 양단에 순방향 바이어스가 걸렸을 경우에 다이오드 자체에서 전압강하가 발생된다. 이 전압강하의 양은 다이오드 종류에 따라 다르나 흔히 쓰이는 실리콘 다이오드의 경우는 약 0.7V, 게르마늄 다이오드의 경우는 약 0.3V 정도이다. [그림 5-2]는 실질적으로 사용되는 다이오드의 전압-전류 특성을 나타낸다. 예를 들어 실리콘 다이오드의 경우 순방향 바이어스가 가해졌을 때 그 전압이 0.7V보다 크게 되면 다이오드가 도통이 되며, 그 때 다이오드 양단의 전압강하가 0.7V 정도 된다는 것이다.

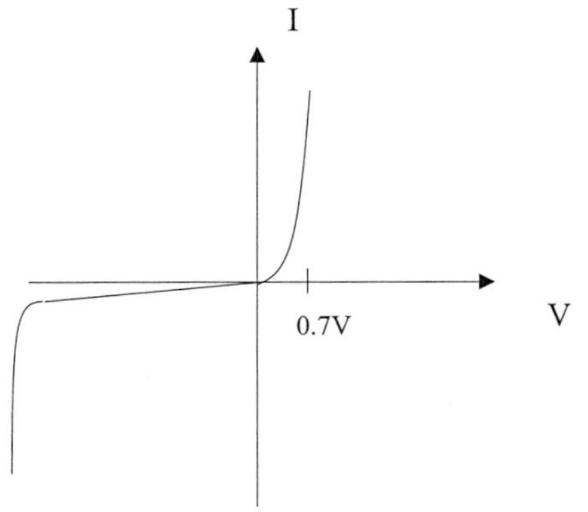


[그림 5-2] 다이오드 전류-전압 특성

## 2.2. 제너 다이오드

일반 다이오드는 항복(breakdown) 영역에서는 손상을 입게 되므로 이 영역에서는 사용할 수가 없다. 이와 달리 항복영역에서 동작하도록 최적화된 실리콘 다이오드가 제너 다이오드이다. 이 제너 다이오드는 전압 안정기(voltage regulator)에 필수적으로 사용되는 중요한 소자이다. [그림 5-3(a)]는 제너 다이오드의 심볼을 나타낸 것이며, [그림 5-3(b)]는 그 전류-전압 특성을 나타낸 것이다. 그림에서 보는 바와 같이 항복 영역에서 전류가 많이 변하더라도 전압 $V_z$는 일정하게 유지됨을 알 수 있으며, 이 전압은 종류에 따라 다양하다. 따라서 제너 다이오드는 순방향, 누설, 항복 세 영역에서 동작이 된다고 볼 수 있다.

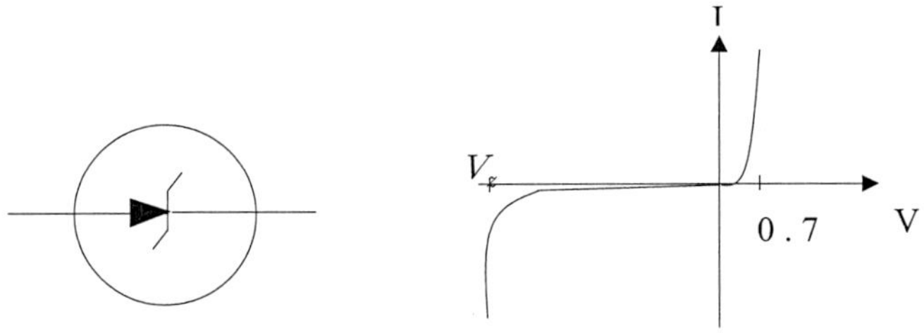


(a) (b)

[그림 5-3] 제너 다이오드의 심볼과 전류-전압 특성

## 3. 관련이론 습득

**3.1. [그림 5-4(a), (b)]의 회로에서 흐르는 전류 $I_1$, $I_2$를 각각 구하라. 단, 실리콘 다이오드가 사용된다고 가정하고, [그림 5-4(b)]에서는 테브난의 정리를 이용하라.**

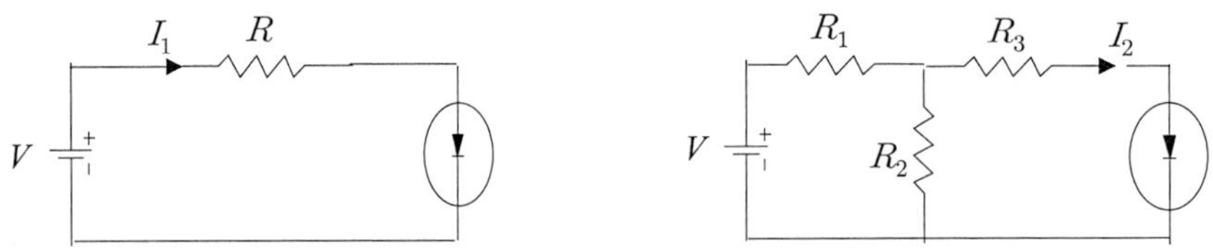


(a) $R = 1\text{k}\Omega$, $V = 10\text{V}$ (b) $V = 10\text{V}$, $R_1 = 4\text{k}\Omega$, $R_2 = 1\text{k}\Omega$, $R_3 = 1.2\text{k}\Omega$

[그림 5-4]다이오드 회로

**3.2. [그림 5-5]의 회로에 흐르는 전류 $I$는 얼마인가? 단, 제너 다이오드의 내부저항은 무시한다.**

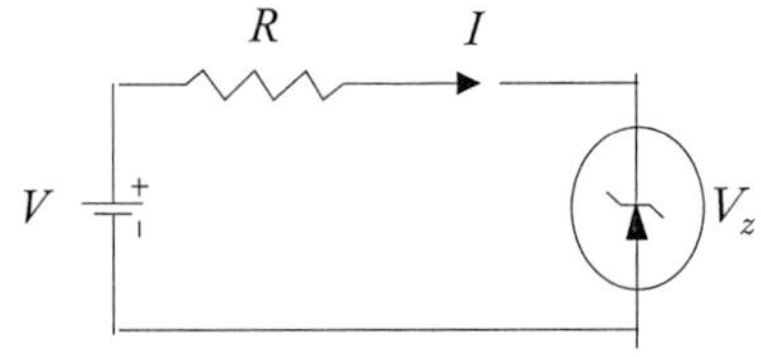


[그림 5-5] 제너 다이오드 회로

**3.3. [그림 5-6]의 회로에서 입력신호가 $V_i = 12\sin 200\pi t$일 때 출력신호 $V_o$는 어떤 형태인가? 여기서 사용되는 제너 다이오드의 항복전압은 $V_z = 10\mathrm{V}$이다.**

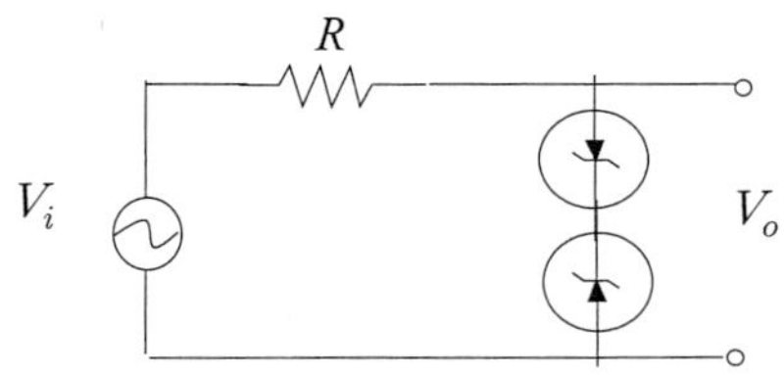


[그림 5-6] 제너 다이오드 응용 회로

# 4. 실험기자재 및 부품

## 4.1. 사용기기

- 오실로스코프
- 디지털멀티미터
- 함수발생기
- 전원 공급 장치

## 4.2. 사용부품

- 실리콘 다이오드
- 게르마늄 다이오드
- 발광 다이오드(LED)
- 제너 다이오드

# 5. 실험방법 및 순서

**5.1. [그림 5-4(a)]의 회로를 결선하라.**

**5.2. 다이오드 양단의 순방향 전압을 측정하라.**

**5.3.** 회로에 흐르는 전류 $I_1$를 측정하라.

**5.4.** 발광 다이오드를 이용하여 [그림 5-4(a)]와 같은 회로를 결선하고 입력전압을 0V에서 천천히 증가시켜 빛이 날 때의 전류를 측정하라. 여기서 저항은 $220\Omega$로 교체한다.

**5.5.** [그림 5-4(b)]의 회로를 결선하라.

**5.6.** 결선된 회로에서 흐르는 전류 $I_2$를 측정하라.

**5.7.** [그림 5-5]의 회로를 결선하라. ($R=470\Omega$)

**5.8.** 입력전압을 0, 2, 4, 6, 8, 10V로 증가시키면서 제너 다이오드 양단에 걸리는 전압과 회로에 흐르는 전류를 측정하여 <표 5-1>를 완성하라.

<표 5-1>

| 인가전압(V) | 제너 다이오드 양단 전압(V) | 전류(mA) |
|---|---|---|
| 0 | | |
| 2 | | |
| 4 | | |
| 6 | | |
| 8 | | |
| 10 | | |

# 6. 주의사항 및 주요 관찰사항

- 발광 다이오드(LED)의 경우 높은 전압이 인가되면 다이오드가 손상 될 수 있으므로 이점에 유의하여 실험한다.
- 제너 다이오드 사용 시 정확한 방향으로 회로도를 구성하고 항복영역에 대해 이해 한 후 제너효과에 대해 실험으로 확인할 수 있도록 한다.
- 이론값과 실측값을 비교하여보고 다양한 다이오드의 특성을 이해한다.

# 실험 6 가산기

## 1. 실험 목적

본 실험을 통해
- 논리 게이트의 동작 방법을 알아본다.
- TTL 논리 게이트의 문턱 전압에 대해 알아본다.
- 반가산기에 대해 알아본다.
- 전가산기에 대해 알아본다.
- 2비트 덧셈기에 대해 알아본다.

## 2. 기초 이론

게이트(gate)란 회로 내에서 전압이나 전류로 표현된 정보의 흐름을 제어하는 스위치이다. 인간에게는 10진수가 익숙하지만, 기계(예를 들어, 컴퓨터)나 전기 회로에서 정보를 표현, 처리, 그리고 저장하는데 있어서는 2진수를 사용하는 것이 가장 간단하고 효과적이다. 2진수는 0과 1의 두 숫자로 이루어져 있으므로 이를 표현하는 데에는 두 가지 물리적 상태만 요구되기 때문이다. 일반적으로 이 두 가지 물리적 상태를 나타내기 위해 높은 전압(보통 5V)과 낮은 전압(접지, 즉 0V)을 사용한다. 회로에서 2진수의 숫자 0과 1을 각각 0V와 5V로 나타내기도 하고(정 논리), 반대로 각각 5V 및 0V로 표현하기도 하는데(부 논리), 해당 실험에서는 정 논리를 적용한다. 또한 1을 "참(true)" 또는 "high"로, 0을 "거짓(false)" 또는 "low"로 표현하기도 한다.

### 2.1. AND 게이트

AND 게이트는 모든 입력의 상태가 1일 때에만 상태 1이 출력되고, 그 외의 경우에는 0의 상태를 출력한다. [그림 6-1]에서 2개의 입력을 갖는 AND 게이트를 제시하였고 그 진리표를 [표 6-1]에서 나타내었다. 두 개의 입력 2진 변수가 $A$및 $B$이고 출력 변수가 $C$이면, 입출력 논리 변수 사이의 관계, 즉 부울 함수(Boolean function)는 다음 식 (1)과 같이 나타낼 수 있다.

$$C = A \cdot B \tag{1}$$

여기서 " · " 은 AND 연산을 의미한다.

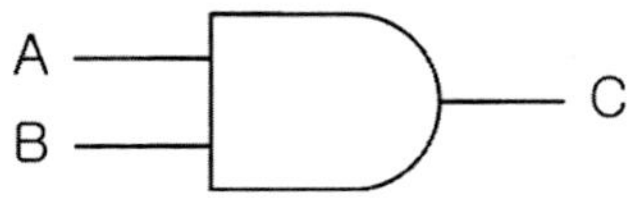

[그림 6-1] AND 게이트

[표 6-1] AND 게이트의 진리표

| A | B | C |
|---|---|---|
| 0 | 0 | 0 |
| 0 | 1 | 0 |
| 1 | 0 | 0 |
| 1 | 1 | 1 |

## 2.2. OR 게이트

OR 게이트는 여러 입력 가운데 적어도 한 개의 상태가 1 이면 출력이 1의 상태가 되고, 모든 입력이 0일 때에만 상태 0을 출력한다. [그림 6-2]는 2개의 입력을 갖는 OR 게이트이고 그 진리표를 [표 6-2]에서 나타내었다. OR 게이트의 부울 함수는 다음 식 (2)와 같이 나타낼 수 있다.

$$C = A + B \tag{2}$$

여기서 " + " 는 산술적 덧셈이 아니라 위에서 설명한 논리적 OR 연산을 의미한다.

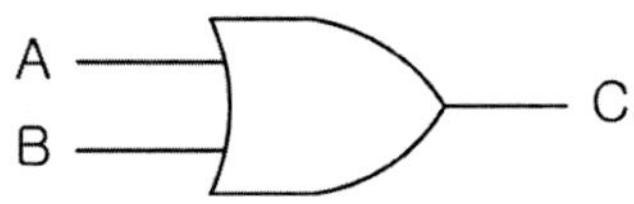

[그림 6-2] OR 게이트

[표 6-2] OR 게이트의 진리표

| A | B | C |
|---|---|---|
| 0 | 0 | 0 |
| 0 | 1 | 1 |
| 1 | 0 | 1 |
| 1 | 1 | 1 |

## 2.3. NOT 게이트

NOT 게이트는 입력의 수가 하나이며, 입력의 상태가 반전되어 출력된다. 따라서 인버터(inverter)라고도 부른다. [그림 6-3]은 NOT 게이트를 나타낸 것이고 그 진리표를 [표 6-3]에서 나타내었다. NOT 게이트의 부울 함수는 다음 식 (3)과 같다.

$$C = \overline{A} \tag{3}$$

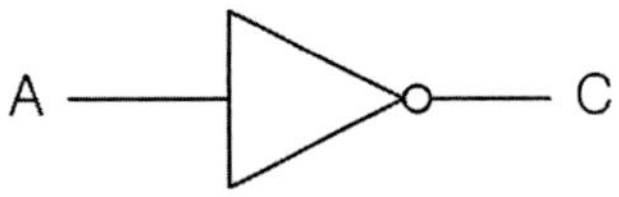

[그림 6-3] NOT 게이트

[표 6-3] NOT 게이트의 진리표

| A | C |
|---|---|
| 0 | 1 |
| 1 | 0 |

## 2.4. NAND 게이트

NAND 게이트는 AND 게이트의 출력에 NOT 게이트가 연결되어 있는 것과 같다. [그림 6-4]에서 NAND 게이트를 나타내었고 그 진리표를 [표 6-4]에서 나타내었다. NAND 게이트의 부울 함수는 다음 식 (4)와 같다.

$$C = \overline{A \cdot B} = \overline{A} + \overline{B} \tag{4}$$

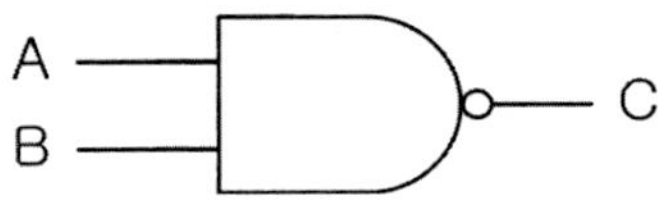

[그림 6-4] NAND 게이트

[표 6-4] NAND 게이트의 진리표

| A | B | C |
|---|---|---|
| 0 | 0 | 1 |
| 0 | 1 | 1 |
| 1 | 0 | 1 |
| 1 | 1 | 0 |

## 2.5. NOR 게이트

NOR 게이트는 OR 게이트의 출력에 NOT 게이트가 연결되어 있는 것과 같다. [그림 6-5]에서 NOR 게이트를 나타내었고 그 진리표를 [표 6-5]에서 제시하였다. NOR 게이트의 부울 함수는 다음 식 (5)와 같다.

$$C = \overline{A + B} = \overline{A} \cdot \overline{B} \tag{5}$$

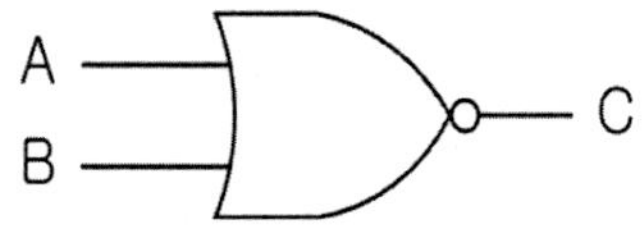

[그림 6-5] NOR 게이트

[표 6-5] NOR 게이트의 진리표

| A | B | C |
|---|---|---|
| 0 | 0 | 1 |
| 0 | 1 | 0 |
| 1 | 0 | 0 |
| 1 | 1 | 0 |

## 2.6. Exclusive-OR (XOR) 게이트

XOR 게이트는 두 개의 입력 상태가 서로 다를 때 상태 1이 출력되고, 같을 때 상태 0이 출력되는 게이트이다. [그림 6-6]에서 XOR 게이트를 나타내었고 그 진리표를 [표 6-6]에서 제시하였다. XOR 게이트의 부울 함수는 다음 식 (6)과 같다.

$$C = A \oplus B = A \cdot \overline{B} + \overline{A} \cdot B \tag{6}$$

여기서 "⊕"는 XOR 연산을 의미한다.

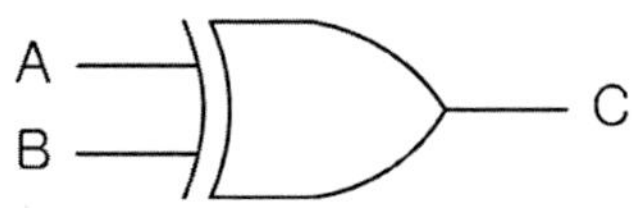

[그림 6-6] XOR 게이트

[표 6-6] XOR 게이트의 진리표

| A | B | C |
|---|---|---|
| 0 | 0 | 0 |
| 0 | 1 | 1 |
| 1 | 0 | 1 |
| 1 | 1 | 0 |

## 2.7. 부울 대수(Boolean Algebra)

부울 대수는 George Boole이라는 수학자가 개발한 대수로 논리연산을 다루는데 필요한 규칙을 제공한다. 부울 대수를 사용하면 복잡한 논리 표현식을 단순하게 표현할 수 있고 따라서 보다 적은 수의 논리 게이트를 사용하여 여러 가지 함수들을 구현할 수 있다. 또한 한 종류의 게이트만으로 여러 함수들을 표현할 수 있어 회로 제작에도 용이하다. 부울 대수의 여러 가지 성질 및 정리들을 [표 6-7]에 요약하였으며, 다음 수식 (1)과 (2)는 부울 대수의 성질 및 정리들을 적용한 예이다.

예:

$$(A + A) \cdot (A + B) = A \cdot (A + B) \tag{7}$$

$$(A \cdot 1)+(A \cdot B)= A \cdot (1+B)= A \cdot 1= A \tag{8}$$

[표 6-7] 부울 대수 요약

| OR | 교환법칙 |
|---|---|
| $A+0=A$ | $A+B=B+A$ |
| $A+1=1$ | $A \cdot B=B \cdot A$ |
| $A+A=A$ | 결합법칙 |
| $A+\overline{A}=1$ | $A+(B+C)=(A+B)+C$ |
| AND | $A \cdot (B \cdot C)=(A \cdot B) \cdot C$ |
| $A \cdot 0=0$ | 분배법칙 |
| $A \cdot 1=A$ | $A \cdot (B+C)=(A \cdot B)+(A \cdot C)$ |
| $A \cdot A=A$ | $A+(B \cdot C)=(A+B) \cdot (A+C)$ |
| $A \cdot \overline{A}=0$ | 흡수법칙 |
| NOT | $A+(A \cdot B)=A$ |
| $\overline{\overline{A}}=A$ | $A \cdot (A+B)=A$ |

## 2.8. 드모르간의 정리(De Morgan' s Theorem)

드모르간의 정리는 부울 함수의 보수에 대한 정리로 NAND 게이트와 NOR 게이트를 각각 OR 게이트 및 AND 게이트로 표현할 수 있음을 증명한 것이다. 다음 수식 (9)과 (10)는 드모르간의 정리에 대한 식이며 이 두 식의 한 예를 [그림 6-7]에서 나타내었다.

$$\overline{A \cdot B \cdot C \cdot \cdots} = \overline{A}+\overline{B}+\overline{C}+\cdots \tag{9}$$

$$\overline{A+B+C+\cdots} = \overline{A} \cdot \overline{B} \cdot \overline{C} \cdot \cdots \tag{10}$$

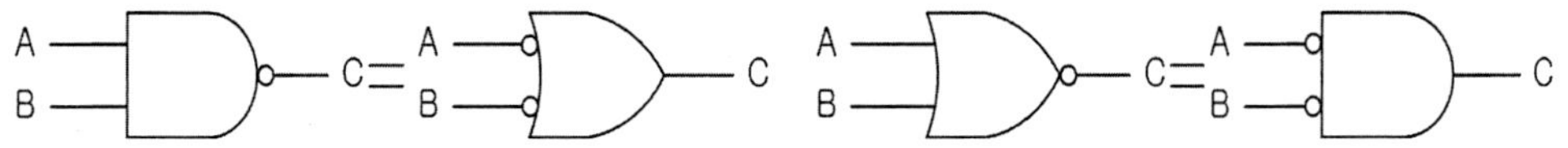


(a) $\overline{A \cdot B} = \overline{A} + \overline{B}$ (b) $\overline{A + B} = \overline{A} \cdot \overline{B}$

[그림 6-7] 드모르간의 정리

## 2.9. 전가산기(full adder)의 설계

가산기는 두 개의 2진수를 더하는 덧셈기의 기본 구성 요소이다. [그림 6-8]에서 각 자리수가 $A_0, A_1, A_2, \cdots$ 및 $B_0, B_1, B_2 \cdots$인 두 2진수를 더하는 덧셈기를 나타내었다. 첨자는 자리 수의 위치를 의미하고 0은 LSB(Least Significant Bit)를 뜻한다. 전 가산기는 두 수의 $i$번째 자릿수 $A_i$, $B_i$ 및 자리 올림수(carry) $C_i$를 입력으로 받아 합 $S_i$와 다음 자리 수로 보낼 올림수 $C_{i+1}$를 출력한다. LSB($i=0$)의 경우 $A_0$와 $B_0$가 가산기에 입력되고, 자리 올림 수는 입력되지 않는다. 이러한 경우를 반가산기(half adder)라 부른다. 따라서 반가산기는 전 가산기에서 입력 자리 올림 수가 0인 경우에 해당된다.

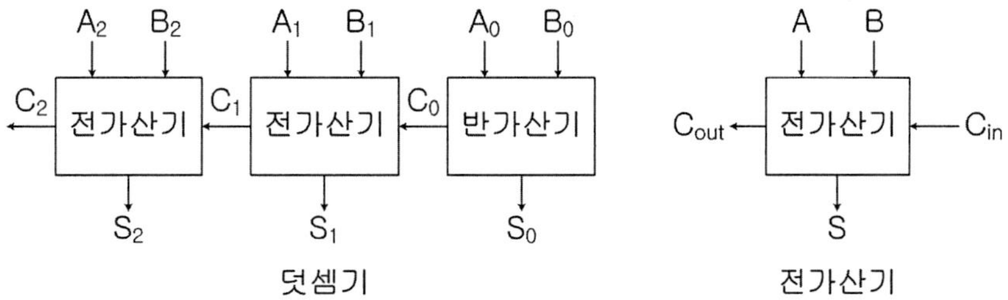


[그림 6-8] 두 2 진수를 더하는 덧셈기와 전 가산기

전가산기의 설계를 위한 과정은 다음과 같다. 먼저 [표 6-8]와 같이 전가산기의 진리표를 만든다.

[표 6-8] 전가산기 진리표

| $A$ | $B$ | $C$ | $S$ | $C_{out}$ |
|---|---|---|---|---|
| 0 | 0 | 0 | 0 | 0 |
| 0 | 0 | 1 | 1 | 0 |
| 0 | 1 | 0 | 1 | 0 |
| 0 | 1 | 1 | 0 | 1 |
| 1 | 0 | 0 | 1 | 0 |
| 1 | 0 | 1 | 0 | 1 |
| 1 | 1 | 0 | 0 | 1 |
| 1 | 1 | 1 | 1 | 1 |

다음 수식 (11) 및 (12)과 같이 전가산기의 진리표에서 합 $S$와 자리 올림 수 $C_{out}$를 입력 $A$, $B$ 및 $C$에 대한 부울 논리식으로 표현한다.

$$S = \overline{A} \cdot \overline{B} \cdot C + \overline{A} \cdot B \cdot \overline{C} + A \cdot \overline{B} \cdot \overline{C} + A \cdot B \cdot C \tag{11}$$

$$C_{out} = \overline{A} \cdot B \cdot C + A \cdot \overline{B} \cdot C + A \cdot B \cdot \overline{C} + A \cdot B \cdot C \tag{12}$$

다음은 부울의 정리를 적용하여 가능한 이들 두 표현을 간략히 하는 과정인데, 합 $S$의 표현은 더 이상 간략화 되지 않는다. 반면 자리 올림 수 $C_{out}$은 다음 수식 (7)과 같이 간략화 된다.

$$\begin{aligned} C_{out} &= \overline{A} \cdot B \cdot C + A \cdot \overline{B} \cdot C + A \cdot B \cdot \overline{C} + A \cdot B \cdot C \\ &\quad + A \cdot B \cdot C + A \cdot B \cdot C \\ &= B \cdot C \cdot (A + \overline{A}) + A \cdot C \cdot (B + \overline{B}) + A \cdot B \cdot (C + \overline{C}) \\ &= B \cdot C + A \cdot C + A \cdot B \end{aligned} \tag{13}$$

곱의 합으로 표현된 수식 (12) 및 (13)의 전가산기 논리식을 구현하고, [그림 6-7] 참고하여 드모르간의 정리를 적용함으로써 한 종류의 게이트(즉, NAND 게이트)로 구성된 전가산기를 구현한다. 곱의 합으로 표현된 논리식은 항상 NAND 게이트만으로 구현이 가능하다. NAND 게이트만으로 구현한 전가산기의 합 $S$와 자리 올림 수 $C_{out}$을 각각 [그림 6-9] 및 [그림 6-10]에서 나타내었다.

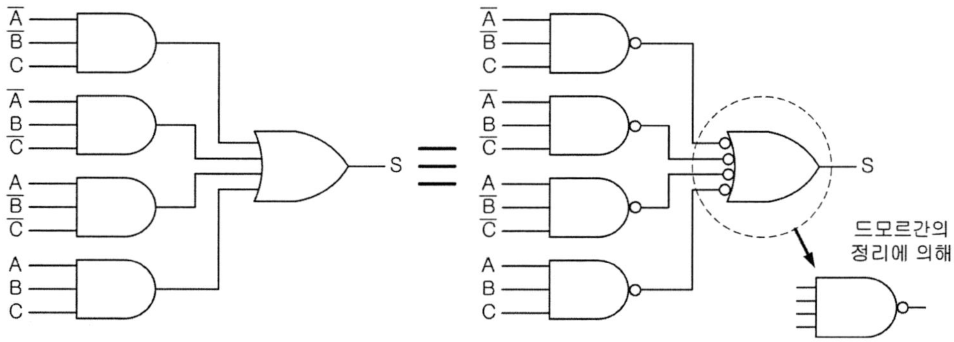


[그림 6-9] 전가산기의 $S$ 구현

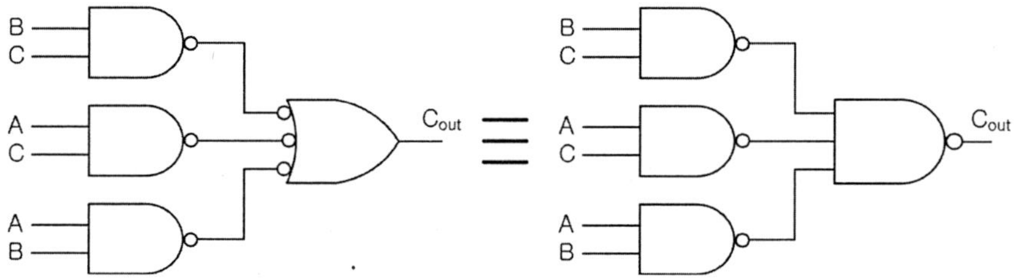


[그림 6-10] 전가산기의 $C_{out}$ 구현

## 2.10. 카르노 맵(Karnaugh Map)

부울 대수를 이용하여 부울 논리 함수를 가장 단순한 형태로 표현하는 것은 복잡하고 많은 시간이 소비될 수 있다. 일반적으로 부울 논리 함수를 쉽게 간략화하기 위해 카르노 맵을 많이 사용한다. 이는 진리표를 도식화한 것으로, 2차원 행렬로 셀을 배열해 두고 진리표의 2진수 값을 대응되는 변수 위치에 기입한 것이다. 다음 [그림 6-11]의 (a)와 (b)에서 전가산기의 합 $S$와 자리 올림 수 $C_{out}$에 대한 카르노 맵을 각각 나타내었다.

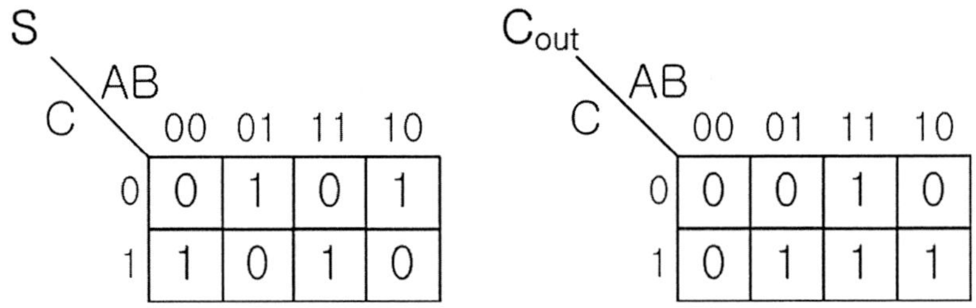


(a) $S$에 대한 카르노 맵　　　(b) $C_{out}$에 대한 카르노 맵

[그림 6-11] $S$와 $C_{out}$에 대한 카르노 맵

여기서 곱의 합 형태로 표현된 논리식을 단순화시키는 절차는 다음과 같다.

(a) 인접한 1끼리 원을 그려 묶는다. 이때 상하 또는 좌우로만 묶어야하고 대각선으로 묶을 수 없다.

(b) 변수가 3개일 경우, 4개의 1이 인접하여 정사각형 형태로 모여 있을 때에도 하나의 원으로 묶을 수 있다.

(c) 카르노 맵의 상하 또는 좌우의 양끝끼리는 연결되어 있다고 간주하고, 지도의 양쪽 끝에 1이 있고 (a) 또는 (b)의 조건을 만족하면 이를 묶는다.

(d) 원으로 묶여진 1의 그룹들은 변수가 2개일 경우 1개, 변수가 3개일 경우 1개 또는 2개의 변수로 표현됨을 알 수 있고 이를 논리 함수로 표현한다.

(e) 원으로 묶여지지 않는 1은, 다른 셀의 값을 0으로 두고, 그 값에 대해 변수로 표현한다.

[그림 6-11]의 (a)에서 전가산기의 합 $S$의 경우 1들이 대각선으로 배치되어 있어 단순화시킬 수 없으나, [그림 6-11]의 (b)에서 자리 올림 수 $C_{out}$의 경우 4개의 1들을 가로와 세로로 모두 둘씩 묶여 세 개의 원을 그릴 수 있음을 알 수 있다. 따라서 각 그룹에 속하는 1들은 두 개의 변수만으로 표현되고, 1의 그룹에 대응되는 변수를 정리하면

$$C_{out} = A \cdot B + B \cdot C + A \cdot C \qquad (14)$$

가 되고 이는 식 (13)과 일치한다.

## 3. 실험 예비 보고

3.1. 74LS00 계열의 AND, OR, NOT, NAND, NOR 및 XOR 게이트 칩을 찾아 칩의 번호를 쓰고 pin 구성도를 그려라.

3.2. 입력 단자 수가 2개인 NAND 게이트(즉, 2입력 NAND 게이트)들을 조합하여 2입력 AND, 2입력 OR, 그리고 NOT 게이트의 기능을 갖도록 하려면 NAND 게이트들을 어떻게 연결하여야 하는가?
(단, 최소 개수의 NAND 게이트를 사용하라.)

3.3. 2입력 NOR 게이트들을 조합하여 2입력 AND, 2입력 OR, 그리고 NOT 게이트의 기능을 갖도록 하려면 NAND 게이트들을 어떻게 연결하여야 하는가?
(단, 최소 개수의 NOR 게이트를 사용하라.)

3.4. 32대1 멀티플렉서에서는 최소 몇 개의 선택선이 필요한가?

3.5. 4대1 멀티플렉서에서의 두 선택 선을 $A$와 $B$라 하자. 이 때 멀티플렉서로 XOR 논리연산 즉, $A \oplus B$를 구현한 그림을 그려라.

3.6. 2개의 4대1 멀티플렉서를 갖는 74153 칩의 핀 구성도를 그려라.

3.7. 실험 예비 보고 문제 3.3에 기초하여 74153으로 전가산기를 구현하는 pin 연결도와 반가산기를 구현하는 pin 연결도를 그려라.

# 4. 실험 기자재 및 부품

## 4.1. 사용기기

- 디지털 멀티미터
- 전원공급기
- 함수발생기

## 4.2. 사용부품

- TTL 논리 게이트
- AND 게이트
- OR 게이트
- NAND 게이트
- 인버터

# 5. 실험 방법 및 순서

5.1. 예비보고에서 설계한대로 7400계열의 NAND 게이트들을 연결하여 반가산기를 구현하라. 동작을 쉽게 확인할 수 있도록 출력 단자에 LED(Light Emitting Diode)를 연결하여 출력이 1이면 LED에 불이 켜지고 0이면 불이 꺼지도록 하라. 그리고 입력에 대한 출력 전압을 측정하여 실험 결과 보고서 1번의 [표 6-10]에 기록하라.

(해당 회로는 실험과정 5.3에서 재사용하므로 해체하지 않는다.)

5.2. 마찬가지로 전가산기를 구현하고 출력 단자에 LED를 연결하여 동작을 확인하라. 입력에 대한 출력전압을 측정하고 실험 결과 보고서 2번의 [표 6-11]에 기록하라.

5.3. 실험과정 5.1과 5.2에서 구현한 반가산기와 전가산기를 연결하여 2비트 덧셈기를 완성하라. 구현된 2비트 덧셈기의 동작을 확인하고 실험 결과 보고서 3번의 [표 6-12]에 입력과 출력 사이의 진리표를 실험결과 값으로 작성하라.

# 실험 결과 보고서

| 실험제목 | 실험6. 가산기 | | | | | | | | |
|---|---|---|---|---|---|---|---|---|---|
| 학 과 | | 학 년 | | 학 번 | | 조 | | 성 명 | |

1. 실험과정 5.1의 결과를 다음의 표에 작성하라.

[표 6-10]

| $A$ (V) | $B$ (V) | $S$ (V) | $C_{out}$ (V) |
|---|---|---|---|
| | | | |
| | | | |
| | | | |
| | | | |

2. 실험과정 5.2의 결과를 다음의 표에 작성하라.

[표 6-11]

| $C_{in}$ (V) | $B$ (V) | $A$ (V) | $S$ (V) | $C_{out}$ (V) |
|---|---|---|---|---|
| | | | | |
| | | | | |
| | | | | |
| | | | | |
| | | | | |
| | | | | |
| | | | | |
| | | | | |

## 3. 실험과정 5.3결과를 다음의 진리표에 작성하라.

[표 6-12]

| $B+A$ | $B_1$ (V) | $A_1$ (V) | $B_0$ (V) | $A_0$ (V) | $C_{out}$ (V) | $S_1$ (V) | $S_0$ (V) |
|---|---|---|---|---|---|---|---|
| | | | | | | | |
| | | | | | | | |
| | | | | | | | |
| | | | | | | | |
| | | | | | | | |
| | | | | | | | |
| | | | | | | | |
| | | | | | | | |
| | | | | | | | |
| | | | | | | | |
| | | | | | | | |
| | | | | | | | |
| | | | | | | | |
| | | | | | | | |
| | | | | | | | |
| | | | | | | | |

# 실험 7 멀티플렉서와 디멀티플렉서

## 1. 실험 목적

본 실험을 통해

- 멀티플렉서 및 디멀티플렉서에 대해 알아본다.
- 멀티플렉서를 이용한 전가산기에 대해 알아본다.
- 멀티플렉서를 이용한 2비트 덧셈기에 대해 알아본다.

## 2. 기초 이론

멀티플렉서(MUX: MUltipleXer), 즉 다중화기는 스위치의 일종으로 데이터 선택기(data selector)라고도 불린다. 멀티플렉서는 $2^n$개의 입력들과 1개의 출력이 있을 때, 입력 데이터들 가운데 1개의 데이터를 선택하여 출력한다. 하나의 멀티플렉서에는 $2^n$개의 입력 단자와 이들 중 어떤 입력을 출력할지 결정하는 $n$개의 "선택단자"가 있다. 한 가지 예로 [그림 7-1]에서 2×4 멀티플렉서를 나타내었고, 그 진리표를 [표 7-1]에서 제시하였다. 여기서 2×4는 멀티플렉서의 선택단자가 2개이고, $2^2 = 4$ 개의 입력 데이터를 선택할 수 있음을 의미한다. 또한 이를 4대1 멀티플렉서라고도 부른다.

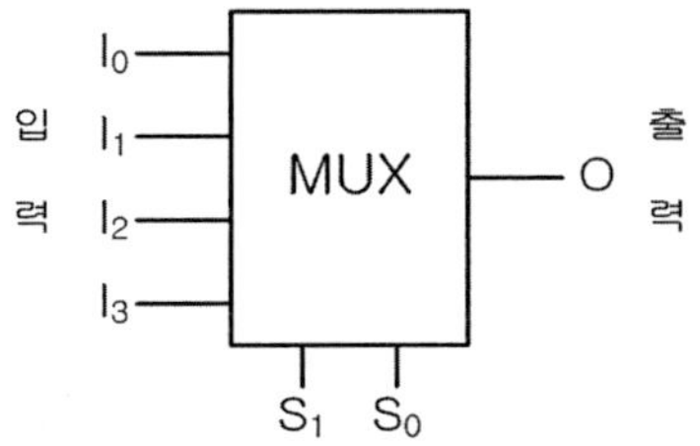


[그림 7-1] 2×4 멀티플렉서 (4대1 멀티플렉서)

[표 7-1] 멀티플렉서 진리표

| $S_1$ | $S_0$ | $O$ |
|---|---|---|
| 0 | 0 | $I_0$ |
| 0 | 1 | $I_1$ |
| 1 | 0 | $I_2$ |
| 1 | 1 | $I_3$ |

멀티플렉서의 진리표로부터 출력 $O$를 부울 함수로 나타내면 다음 수식 (1)과 같다.

$$O = I_0 \cdot \overline{S_1} \cdot \overline{S_0} + I_1 \cdot \overline{S_1} \cdot S_0 + I_2 \cdot S_1 \cdot \overline{S_0} + I_3 \cdot S_1 \cdot S_0 \tag{1}$$

디멀티플렉서(DEMUX: DEMUltipleXer)는 역다중화기 또는 데이터 분배기(data distributor)라고도 불리며, 멀티플렉서와 신호의 흐름이 반대인 스위치이다. 디멀티플렉서는 [그림 7-2]에서 제시한 예와 같이 $n$개의 "선택단자"를 활용하여 하나의 입력으로부터 $2^n$개 출력을 선택하며, 라우터(router)에서 사용되기도 한다. 디멀티플렉서의 구현은 멀티플렉서를 구현하는 방법과 동일하므로 본 실험에서는 멀티플렉서 구현에 대한 실험만을 다룬다.

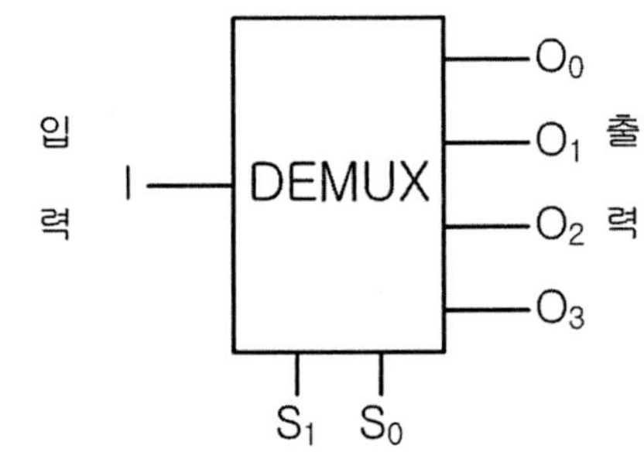


[그림 7-2] 2×4 디멀티플렉서
(1대4 디멀티플렉서)

## 2.1. 멀티플렉서를 활용한 AND 게이트와 OR 게이트의 구현

선택선 $S_1$및 $S_0$를 논리 함수의 입력으로 사용할 때, 멀티플렉서의 출력이 AND 게이트처럼 동작하도록 $I_0$, $I_1$, $I_2$, 및 $I_3$의 값을 0 또는 1로 적절히 할당할 수 있다. [그림 7-3]과 [그림 7-4]는 멀티플렉서가 각각 AND 게이트와 OR 게이트처럼 동작하도록 $I_0$, $I_1$, $I_2$, 및 $I_3$의 값을 할당한 것이다. 그리고 [표 7-2]와 [표 7-3]은 이들의 진리표를 나타낸 것이다.

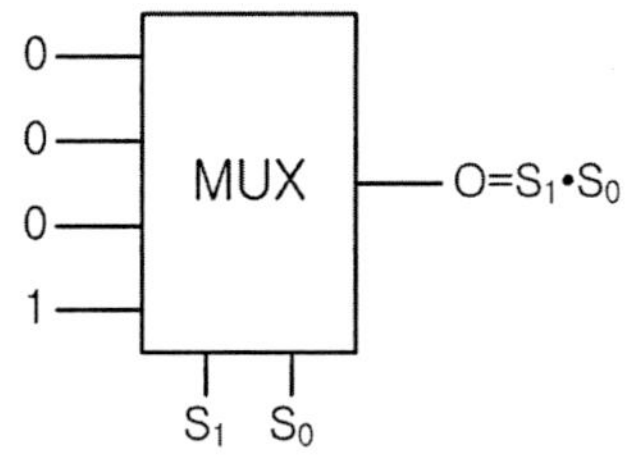


[그림 7-3] 멀티플렉서를 활용한 AND 게이트

[표 7-2] AND 게이트 진리표

| $S_1$ | $S_0$ | $O$ |
|---|---|---|
| 0 | 0 | 0 |
| 0 | 1 | 0 |
| 1 | 0 | 0 |
| 1 | 1 | 1 |

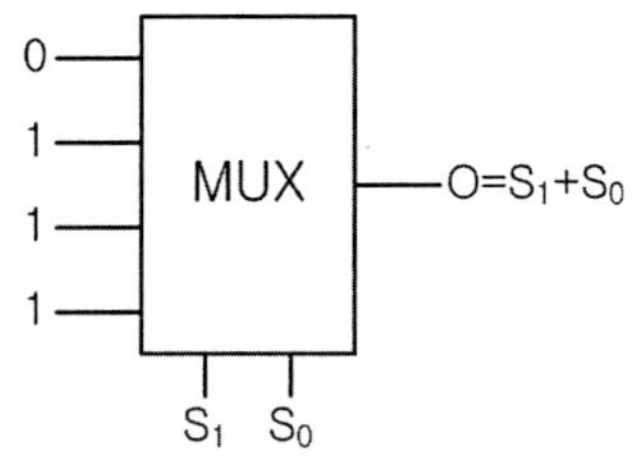


[그림 7-4] 멀티플렉서를 활용한 OR 게이트

[표 7-3] OR 게이트 진리표

| $S_1$ | $S_0$ | $O$ |
|---|---|---|
| 0 | 0 | 0 |
| 0 | 1 | 1 |
| 1 | 0 | 1 |
| 1 | 1 | 1 |

## 2.2. 멀티플렉서를 활용한 반가산기와 전가산기의 구현

하나의 74153 칩에는 2개의 2×4 멀티플렉서가 존재한다. 이 때 각각 하나의 선택선 $S_1$ 및 $S_0$는 2개의 멀티플렉서를 동시에 제어한다. 따라서 다음 [그림 7-5]과 같이 74153 칩 하나로 반가산기를 구현할 수 있다. [표 7-4]는 반가산기의 진리표이다.

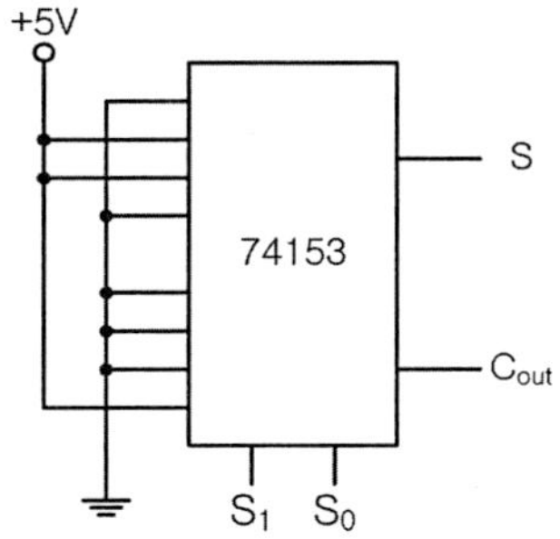


[그림 7-5] 74153 칩을 사용한 반가산기 구현

[표 7-4] 반가산기 진리표

| $S_1$ | $S_0$ | $O_1(=S)$ | $O_2(=C_{out})$ |
|---|---|---|---|
| 0 | 0 | 0 | 0 |
| 0 | 1 | 1 | 0 |
| 1 | 0 | 1 | 0 |
| 1 | 1 | 0 | 1 |

마찬가지로 74153 칩 하나로 전가산기도 구현할 수 있다. 먼저 [표 7-5]에 있는 전가산기의 진리표로부터 전가산기의 합인 $S$를 부울 함수로 나타내면 다음 식 (2)와 같다.

$$\begin{aligned} S &= \overline{C_{in}} \cdot \overline{S_1} \cdot S_0 + \overline{C_{in}} \cdot S_1 \cdot \overline{S_0} + C_{in} \cdot \overline{S_1} \cdot \overline{S_0} + C_{in} \cdot S_1 \cdot S_0 \\ &= C_{in} \cdot \overline{S_1} \cdot \overline{S_0} + \overline{C_{in}} \cdot \overline{S_1} \cdot S_0 + \overline{C_{in}} \cdot S_1 \cdot \overline{S_0} + C_{in} \cdot S_1 \cdot S_0 \end{aligned} \tag{2}$$

그런데 위에서 제시한 식 (1)의 2×4 멀티플렉서 출력에 대한 논리식과 식 (2)를 비교해 보면 매우 유사함을 알 수 있다. 만약 $I_0 = C_{in}$, $I_1 = \overline{C_{in}}$, $I_2 = \overline{C_{in}}$ 그리고 $I_3 = C_{in}$ 로 두면 2×4 멀티플렉서 하나로 전가산기의 출력 $S$를 구현할 수 있다. 마찬가지 방법으로 $C_{out}$의 부울 함수는 다음 식 (3)과 같다.

$$\begin{aligned} C_{out} &= \overline{C_{in}} \cdot S_1 \cdot S_0 + C_{in} \cdot \overline{S_1} \cdot S_0 + C_{in} \cdot S_1 \cdot \overline{S_0} + C_{in} \cdot S_1 \cdot S_0 \\ &= C_{in} \cdot \overline{S_1} \cdot S_0 + C_{in} \cdot S_1 \cdot \overline{S_0} + (\overline{C_{in}} + C_{in}) \cdot S_1 \cdot S_0 \end{aligned} \tag{3}$$

여기서 $\overline{C_{in}} + C_{in} = 1$이고, 논리값이 항상 0인 $0 \cdot \overline{S_1} \cdot \overline{S_0}$을 더하면 식 (3)을 다음 식 (4)와 같이 식 (1)과 동일한 형태로 나타낼 수 있다.

$$C_{out} = 0 \cdot \overline{S_1} \cdot \overline{S_0} + C_{in} \cdot \overline{S_1} \cdot S_0 + C_{in} \cdot S_1 \cdot \overline{S_0} + 1 \cdot S_1 \cdot S_0 \tag{4}$$

반가산기의 구현에서와 마찬가지로 $I_0 = 0$, $I_1 = C_{in}$, $I_2 = C_{in}$ 그리고 $I_3 = 1$ 로 두면 2×4 멀티플렉서 하나로 전가산기의 자리 올림 수 $C_{out}$을 구현할 수 있다.

[그림 7-6]은 74153 칩으로 전가산기를 구현한 것이다.

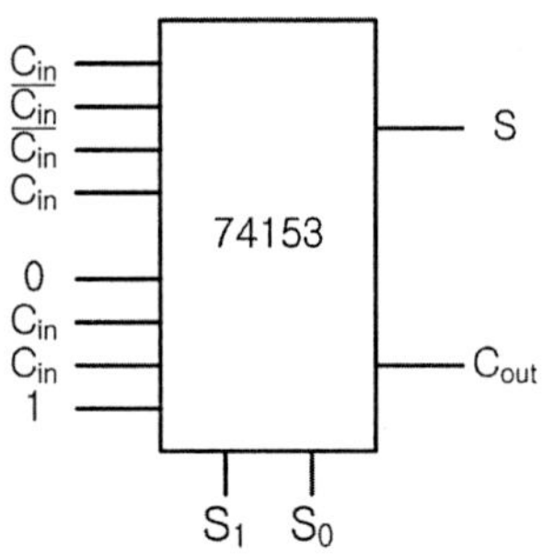


[그림 7-6] 74153 칩을 사용한 전가산기 구현

[표 7-5] 전가산기 진리표

| $C_{in}$ | $S_1$ | $S_0$ | $S$ | $C_{out}$ |
|---|---|---|---|---|
| 0 | 0 | 0 | 0 | 0 |
| 0 | 0 | 1 | 1 | 0 |
| 0 | 1 | 0 | 1 | 0 |
| 0 | 1 | 1 | 0 | 1 |
| 1 | 0 | 0 | 1 | 0 |
| 1 | 0 | 1 | 0 | 1 |
| 1 | 1 | 0 | 0 | 1 |
| 1 | 1 | 1 | 1 | 1 |

## 3. 실험 예비 보고

3.1. 32대1 멀티플렉서에서는 최소 몇 개의 선택선이 필요한가?

3.2. 4대1 멀티플렉서에서의 두 선택 선을 $A$와 $B$라 하자. 이 때 멀티플렉서로 XOR 논리연산 즉, $A \oplus B$를 구현한 그림을 그려라.

3.3. 2개의 4대1 멀티플렉서를 갖는 74153 칩의 핀 구성도를 그려라.

3.4. 실험 예비 보고 문제 3.3에 기초하여 74153으로 전가산기를 구현하는 pin 연결도와 반가산기를 구현하는 pin 연결도를 그려라.

## 4. 실험 기자재 및 부품

4.1. 사용기기

- 디지털 멀티미터
- 함수발생기
- 전원공급기

4.2. 사용부품

- TTL 게이트
- 74LS153

## 5. 실험 방법 및 순서

5.1. 실험 예비 보고를 바탕으로 하나의 74153 칩을 사용하여 반가산기를 구성하라. 출력에 LED를 연결하여 동작을 확인하고, 입출력 전압을 측정하여 실험 결과 보고서 1번의 [표 7-6]에 기록하라.

(해당 회로는 실험과정 5.3에서 재사용하므로 해체하지 않는다.)

5.2. 실험 예비 보고를 바탕으로 하나의 74153 칩을 사용하여 전가산기를 구성하고, 실험과정 5.1을 반복하여 실험 결과 보고서의 [표 7-7]에 결과 값을 기록하라.

(해당 회로는 실험과정 5.3에서 재사용하므로 해체하지 않는다.)

5.3. 실험과정 5.1과 5.2에서 구성한 회로를 연결하여 2 bit 덧셈기를 구성하라. 2 bit 덧셈기의 출력에 LED를 연결하여 동작을 확인하고, 입-출력 전압을 측정하여 실험 결과 보고서의 [표 7-8]에 기록하라.

# 실험 결과 보고서

| 실험제목 | 실험7. 멀티플렉서와 디멀티플렉서 | | | | | | | | |
|---|---|---|---|---|---|---|---|---|---|
| 학　　과 | | 학 년 | | 학 번 | | 조 | | 성 명 | |

1. 실험과정 5.1의 결과를 다음 표에 작성하시오.

[표 7-6]

| $S_1$ (V) | $S_0$ (V) | $S$ (V) | $C_{out}$ (V) |
|---|---|---|---|
| | | | |
| | | | |
| | | | |
| | | | |

2. 실험과정 5.2의 결과를 다음 표에 작성하시오.

[표 7-7]

| $C_{in}$ (V) | $S_1$ (V) | $S_0$ (V) | $S$ (V) | $C_{out}$ (V) |
|---|---|---|---|---|
| | | | | |
| | | | | |
| | | | | |
| | | | | |
| | | | | |
| | | | | |
| | | | | |
| | | | | |

3. 실험과정 5.3의 결과를 바탕으로 다음 표를 작성하시오.

[표 7-8]

| $S_1+S_0$ | f_$S_1$ (V) | f_$S_0$ (V) | h_$S_1$ (V) | h_$S_0$ (V) | $C_{out}$ (V) | f_$S$ (V) | h_$S$ (V) |
|---|---|---|---|---|---|---|---|
| | | | | | | | |
| | | | | | | | |
| | | | | | | | |
| | | | | | | | |
| | | | | | | | |
| | | | | | | | |
| | | | | | | | |
| | | | | | | | |
| | | | | | | | |
| | | | | | | | |
| | | | | | | | |
| | | | | | | | |
| | | | | | | | |
| | | | | | | | |
| | | | | | | | |
| | | | | | | | |

4. 이번 실험에서 활용된 멀티플렉서의 기본동작원리를 간단히 설명하시오.

# 실험 8 인코더 및 디코더

## 1. 실험 목적

본 실험을 통해
- 10진수/BCD 인코더와 디코더에 대해 알아본다.
- BCD/7-세그먼트 디코더 드라이버에 대해 알아본다.

## 2. 기초 이론

인코더(encoder)는 "부호기" 라고도 불리며, 어떤 입력 값에 대해 대응되는 2진수를 출력하는 회로를 말한다. 예를 들어, 10진수나 한글 자음과 모음, 영문 알파벳 등을 그에 대응되는 약속된 2진수로 바꿀 때 인코더가 사용된다.

디코더(decoder)는 "복호기" 로 불리기도 하며, 인코더와 반대로 2진수로 표현된 값들을 대응되는 다른 정보로 변환하는 회로이다. 예를 들어, 10진수에서 10개의 아라비아 숫자를 4개의 2진수로 표현한 BCD(Binary-Coded Decimals) 코드가 있다면, 이를 다시 10진수로 바꾸어 주는 회로가 디코더이다.

본 실험에서는 인코더와 디코더에 대한 자주 쓰이는 예로 10진수/BCD 인코더 및 디코더에 대해 알아본다.

### 2.1. 10진수/BCD 인코더

10진수/BCD 인코더는 10개의 10진수 입력을 대응하는 BCD 코드로 변환시키는 논리 회로로 일반적으로 10선/4선 인코더(10-line to 4-line encoder)라고도 부른다. [그림 8-1]에서 10진수/BCD 인코더를 제시하였고, [표 8-1]에서 진리표를 나타내었다.

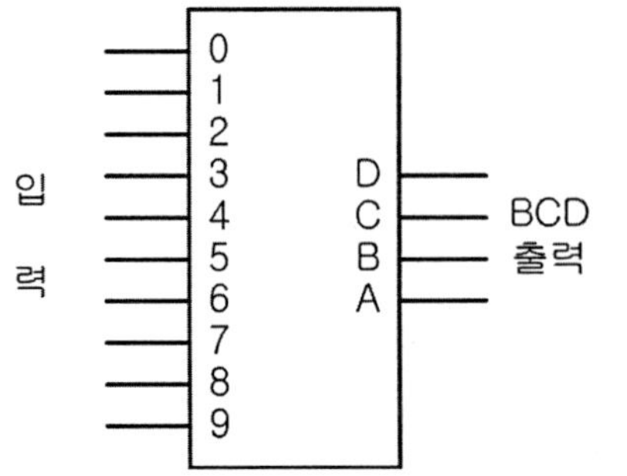


[그림 8-1] 10진수/BCD 인코더

[표 8-1] 10진수/BCD 인코더의 진리표

| 10진수 | BCD 코드 | | | |
|---|---|---|---|---|
| | D | C | B | A |
| 0 | 0 | 0 | 0 | 0 |
| 1 | 0 | 0 | 0 | 1 |
| 2 | 0 | 0 | 1 | 0 |
| 3 | 0 | 0 | 1 | 1 |
| 4 | 0 | 1 | 0 | 0 |
| 5 | 0 | 1 | 0 | 1 |
| 6 | 0 | 1 | 1 | 0 |
| 7 | 0 | 1 | 1 | 1 |
| 8 | 1 | 0 | 0 | 0 |
| 9 | 1 | 0 | 0 | 1 |

BCD 코드에서 최상위 bit인 D는 10진수 8과 9의 입력이 있을 때에만 1이 되고 C의 경우 10진수 4, 5, 6, 그리고 7이 입력될 때에만 1을 출력한다. 이들을 논리 함수로 나타내면 각각 다음 식 (1) 및 (2)와 같다.

$$D = 8 + 9 \tag{1}$$

$$C = 4 + 5 + 6 + 7 \tag{2}$$

여기서 숫자들은 10진수에 대응되는 논리 변수이다. 마찬가지로 B와 A에 대한 논리 함수는 각각 식 (3) 및 (4)와 같다.

$$B = 2 + 3 + 6 + 7 \tag{3}$$

$$A = 1 + 3 + 5 + 7 + 9 \tag{4}$$

위의 식 (1)에서 (4)를 고려하여 10진수/BCD 인코더의 회로를 구현하면 [그림 8-2]와 같다.

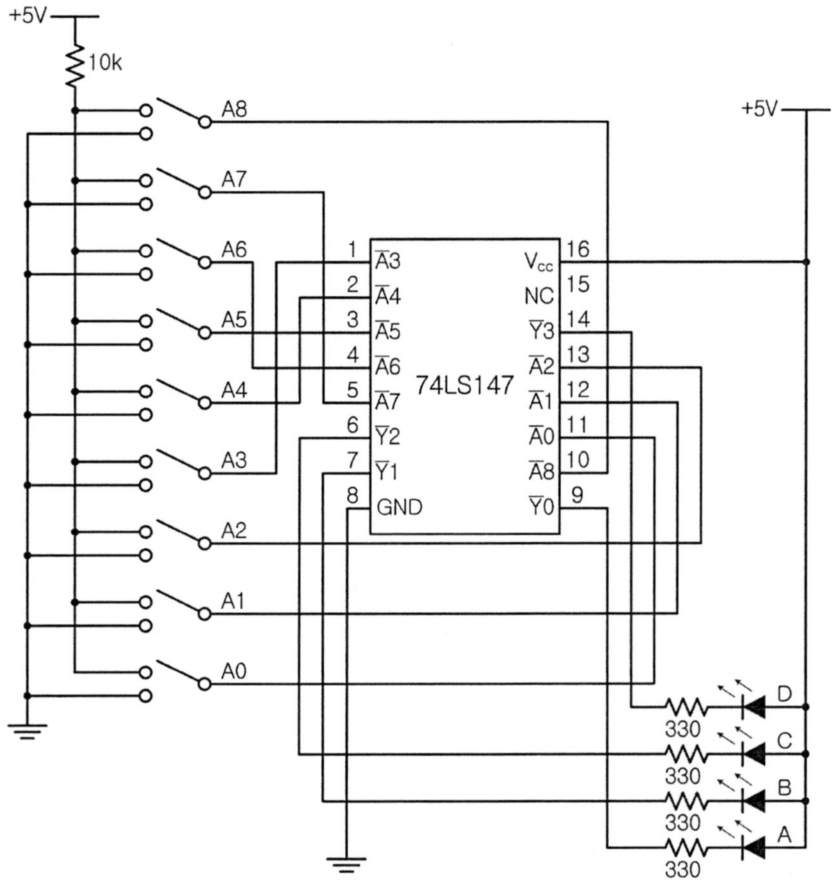


[그림 8-2] 10진수/BCD 인코더 회로

컴퓨터의 키보드에도 0에서 9까지의 숫자 키가 있다. 이들 중 특정키를 눌러 대응되는 2진 BCD 코드 값을 컴퓨터에 입력시킬 수 있다. 그런데 일반적으로 키보드를 누를 때 실수로 2개 이상의 키를 동시에 누르는 경우가 있는데, 이러한 경우, 앞에서 설명한 10진수/BCD 인코더를 사용하면 출력이 제대로 되지 않을 것이다. 따라서 이러한 문제를 해결하기 위해 출력 값에 우선순위(priority)를 부여한다. 예를 들어 숫자가 클수록 높은 우선순위가 부여된다고 하자. 그러면 9와 8의 키가 동시에 눌러지는 경우, 9에 대한 BCD 코드가 우선 출력되고 8은 무시된다. 이와 같이 우선순위 기능을 갖춘 인코더를 우선순위 인코더라 한다.

숫자가 클수록 높은 우선순위가 부여되는 10진수/BCD 우선순위 인코더를 설계

해 보자. [표 8-1]의 진리표로부터, A의 출력이 1이 되어야 하는 경우는

(a) 입력 1이 high이고 2, 4, 6, 8이 low이거나,

(b) 입력 3이 high이고 4, 6, 8이 low이거나,

(c) 입력 5가 high이고 6, 8이 low이거나,

(d) 입력 7이 high이고 8이 low이거나,

(e) 입력 9가 high일 때이다.

이를 다음 식 (5)와 같은 논리식으로 표현할 수 있다.

$$A = 1 \cdot \overline{2} \cdot \overline{4} \cdot \overline{6} \cdot \overline{8} + 3 \cdot \overline{4} \cdot \overline{6} \cdot \overline{8} + 5 \cdot \overline{6} \cdot \overline{8} + 7 \cdot \overline{8} + 9 \quad (5)$$

마찬가지로 B의 출력이 1이 되어야 하는 경우는

(a) 입력 2가 high이고 4, 5, 8, 9가 low이거나,

(b) 입력 3이 high이고 4, 5, 8, 9가 low이거나,

(c) 입력 6이 high이고 8, 9가 low이거나,

(d) 입력 7이 high이고 8, 9가 low일 때이다.

이를 논리식으로 나타내면 다음 식 (6)과 같다.

$$B = 2 \cdot \overline{4} \cdot \overline{5} \cdot \overline{8} \cdot \overline{9} + 3 \cdot \overline{4} \cdot \overline{5} \cdot \overline{8} \cdot \overline{9} + 6 \cdot \overline{8} \cdot \overline{9} + 7 \cdot \overline{8} \cdot \overline{9} \quad (6)$$

이와 같은 방법으로 C와 D도 각각 식 (7) 및 (8)과 같은 논리식으로 나타낼 수 있다.

$$C = 4 \cdot \overline{8} \cdot \overline{9} + 5 \cdot \overline{8} \cdot \overline{9} + 6 \cdot \overline{8} \cdot \overline{9} + 7 \cdot \overline{8} \cdot \overline{9} \quad (7)$$

$$D = 8 + 9 \quad (8)$$

## 2.2. BCD/10진수 디코더

BCD/10진수 디코더는 앞의 10진수/BCD 인코더와 반대로 BCD 코드의 2진 값이 입력되면, 그에 대응되는 10진수 숫자 출력 하나가 1(high)이 된다. 다음 [표 8-2]

는 BCD/10진수 디코더의 진리표이다.

[표 8-2] BCD/10진수 디코더의 부울 함수

| 10진수 | 부울 함수 |
|---|---|
| 0 | $\overline{D}\cdot\overline{C}\cdot\overline{B}\cdot\overline{A}$ |
| 1 | $\overline{D}\cdot\overline{C}\cdot\overline{B}\cdot A$ |
| 2 | $\overline{D}\cdot\overline{C}\cdot B\cdot\overline{A}$ |
| 3 | $\overline{D}\cdot\overline{C}\cdot B\cdot A$ |
| 4 | $\overline{D}\cdot C\cdot\overline{B}\cdot\overline{A}$ |
| 5 | $\overline{D}\cdot C\cdot\overline{B}\cdot A$ |
| 6 | $\overline{D}\cdot C\cdot B\cdot\overline{A}$ |
| 7 | $\overline{D}\cdot C\cdot B\cdot A$ |
| 8 | $D\cdot\overline{C}\cdot\overline{B}\cdot\overline{A}$ |
| 9 | $D\cdot\overline{C}\cdot\overline{B}\cdot A$ |

BCD/10진수 디코더 회로는 다음 [그림 8-3와 같다.

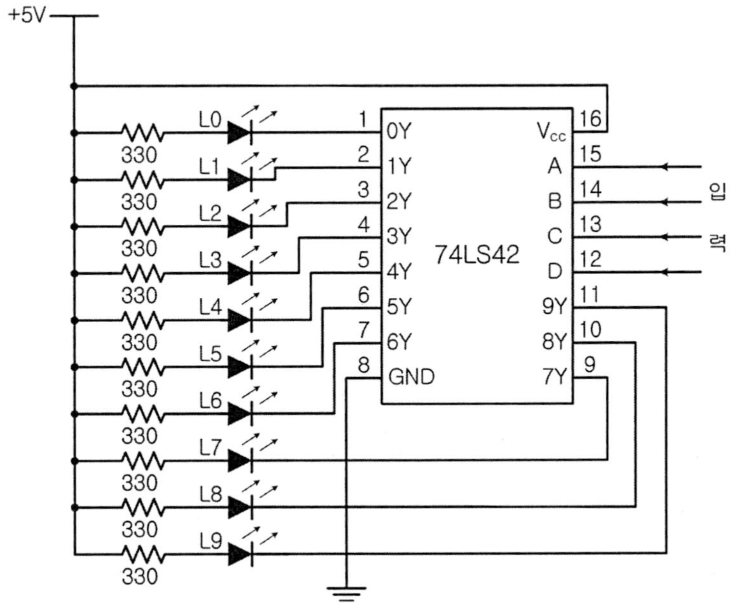


[그림 8-3] BCD/10진수 디코더 회로

## 2.3. BCD/7-세그먼트

BCD/7-세그먼트 디코더 드라이버는 입력받은 BCD 코드로 7-세그먼트 디스플레이 소자의 적정 요소를 on 시켜, 0에서 9까지의 숫자를 표시하는 장치이다. [그림 8-4]에서 7-세그먼트 디스플레이 소자 및 해당 소자에서 0부터 9까지의 숫자가 어떻게 표시되는지 나타내었다.

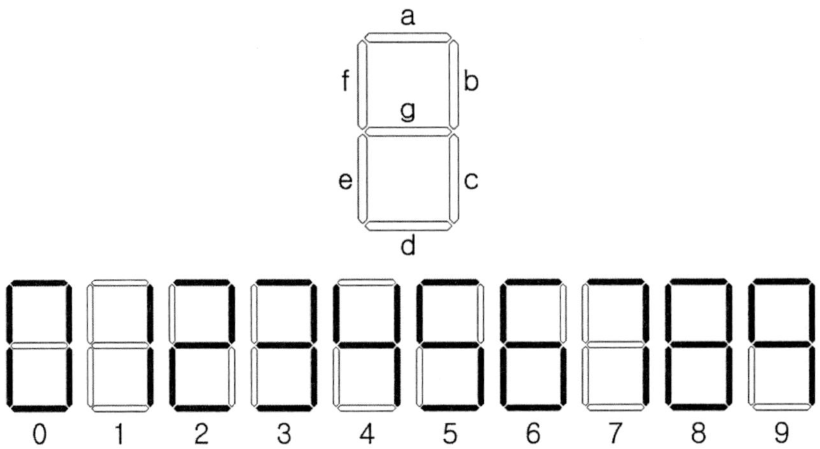


[그림 8-4] 7-세그먼트 디스플레이 소자

[그림 8-4]에서처럼 7-세그먼트의 각 요소를 a부터 g로 표기하면, 다음 [표 8-3]과 같이 각 숫자 입력에 대해 어떤 요소가 on 되어야 하는지 알 수 있다.

[표 8-3] 각 숫자에 대해 on 되어야할 7-세그먼트 요소

| 숫자 | BCD 코드 | | | | on 되어야 할 요소 |
|---|---|---|---|---|---|
| | D | C | B | A | |
| 0 | 0 | 0 | 0 | 0 | a, b, c, d, e, f |
| 1 | 0 | 0 | 0 | 1 | b, c |
| 2 | 0 | 0 | 1 | 0 | a, b, e, d, g |
| 3 | 0 | 0 | 1 | 1 | a, b, c, d, g |
| 4 | 0 | 1 | 0 | 0 | b, c, f, g |
| 5 | 0 | 1 | 0 | 1 | a, c, d, f, g |
| 6 | 0 | 1 | 1 | 0 | c, d, e, f, g |
| 7 | 0 | 1 | 1 | 1 | a, b, c |
| 8 | 1 | 0 | 0 | 0 | a, b, c, d, e, f, g |
| 9 | 1 | 0 | 0 | 1 | a, b, c, f, g |

7-세그먼트의 $a$가 on되는 경우는 10진수 숫자 0, 2, 3, 5, 7, 8, 또는 9의 일곱 가지 경우가 있다. 따라서 [표 8-2] BCD/10진수 디코더의 부울 함수를 참고하면 BCD 코드를 활용하여 7-세그먼트의 $a$를 on 시키는 부울 함수를 다음 식 91)과 같이 나타낼 수 있다.

$$
\begin{aligned}
a= &\overline{D}\cdot\overline{C}\cdot\overline{B}\cdot\overline{A}+\overline{D}\cdot\overline{C}\cdot B\cdot\overline{A}+\overline{D}\cdot\overline{C}\cdot B\cdot A+\overline{D}\cdot C\cdot\overline{B}\cdot A \\
&+\overline{D}\cdot C\cdot B\cdot A+D\cdot\overline{C}\cdot\overline{B}\cdot\overline{A}+D\cdot\overline{C}\cdot\overline{B}\cdot A
\end{aligned}
\tag{9}
$$

7-세그먼트의 다른 요소들에 대해서도 위와 같이 BCD 코드를 활용하여 부울 함수로 나타낼 수 있다.

## 3. 실험 예비 보고

3.1. 기초 이론에서 제시된 식 (1)에서 (4)를 참고하여 OR 게이트로 구성된 10진수/BCD 인코더를 도시하라.

3.2. 기초 이론의 [표 4-2]를 참고하여 AND 및 OR 게이트로 구성된 BCD/10진수 인코더를 도시하라.

3.3. 기초 이론에서 제시된 식 (5)에서 (8)을 참고하여 AND 및 OR 게이트로 구성된 10진수/BCD 우선순위 인코더(큰 숫자가 우선순위가 높음)를 도시하라.

3.4. 기초 이론의 식 (9)과 같이 [표 8-2] BCD/10진수 디코더의 부울 함수를 참고하여 7-세그먼트의 각 요소를 on 시키는 부울 함수를 모두 나타내라.

3.5. BCD/7-세그먼트 디코더 드라이버 74LS47의 논리 심볼과 pin 구성도를 그려라.

3.6. 4진수/2진수(4-line to 2-line) 우선순위 인코더(큰 숫자가 우선순위가 높음)의 출력 $A$와 $B$에 대한 논리 함수를 나타내고, AND 및 OR 게이트로 구성된 4진수/2진수 우선순위 인코더를 도시하라.

# 4. 실험 기자재 및 부품

## 4.1. 사용기기

- 디지털 멀티미터
- 전원공급기

## 4.2. 사용부품

- TTL 게이트
- 7-세그먼트 디코더/드라이버(74LS47)

# 5. 실험방법 및 순서

5.1. 실험 예비 보고 3.6에서 설계한 4진수/2진수(4-line to 2-line) 우선순위 인코더를 AND, OR, NOT 게이트를 사용하여 구성하라.

5.2. 출력 단자 $A$ 및 $B$에 LED를 연결하여 0, 1, 2, 3의 4가지 입력에 대해 제대로 동작하는지 확인하고 출력 전압을 측정하여 실험 결과 보고서 1번에 기록하라.

5.3. 실험과정 5.1에서 구성한 회로의 출력을 BCD/7-세그먼트 디코더 드라이버(74LS47)의 입력에 연결하라. 이 때 74LS47의 $C$와$D$의 입력 단자는 접지시킨다.

5.4. 74LS47의 출력에 7-세그먼트 LED를 연결하여 0, 1, 2, 3의 4가지 입력에 대해 7-세그먼트 LED가 숫자를 제대로 디스플레이 하는지, 또한 우선순위대로 디스플레이 하는지를 점검하라.

# 실험 결과 보고서

| 실험제목 | 실험8. 인코더 및 디코더 | | | | | | | | |
|---|---|---|---|---|---|---|---|---|---|
| 학 과 | | 학 년 | | 학 번 | | 조 | | 성 명 | |

**1.** 실험과정 5.1과 같이 인코더를 설계하고 실험과정 5.2의 결과에 따라 진리표를 나타내시오.

2. 실험과정 5.4의 결과에 따라 진리표를 만들고, 7-세그먼트 LED의 출력을 사진으로 첨부하시오.

# 실험 9 플립플롭의 응용

## 1. 실험 목적

본 실험을 통해

- 플립플롭의 종류에 대해 알아본다.
- 플립플롭을 활용한 이진·십진 카운터에 대해 알아본다.
- J-K 플립플롭을 활용한 동기식 이진 가감산 카운터에 대해 알아본다.
- Master-Slave J-K 플립플롭에 대해 알아본다.
- 링 카운터에 대해 알아본다.
- 존슨 카운터에 대해 알아본다.

## 2. 기초 이론

논리소자와 궤환 루프로 구성되어 이전 출력과 현재 입력에 의해 현재 출력이 결정되는 회로를 순차회로(sequential logic)라 한다. 플립플롭(flip-flop)은 순차회로 중 가장 기본적인 형태로, 클럭(CLK: CLocK) 신호가 들어왔을 때 입력신호 값에 따라 출력을 변화시킨다. 이와 같이 클럭 신호에 의해 동작되는 것을 동기(synchronous)라 한다. 이와 반대로 클럭 신호 없이 입력신호 값에 따라 출력이 결정되는 형태를 비동기(asynchronous)라 한다.

### 2.1. R-S 플립플롭

R-S(Reset-Set) 플립플롭의 기본적인 회로는 [그림 9-1]과 같이 두 개의 NOR 게이트로 구성된다.

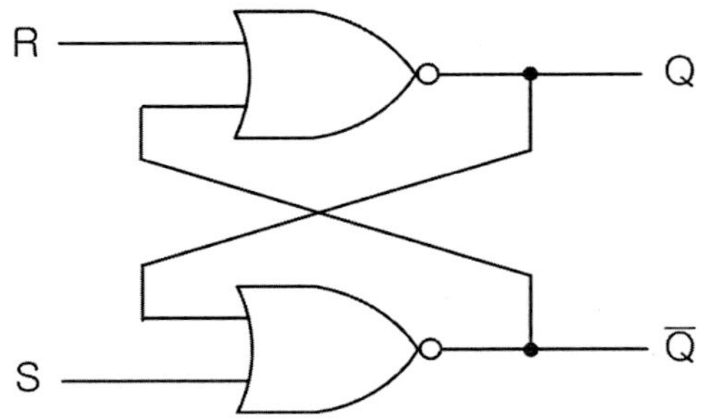


[그림 9-1] NOR 게이트를 활용한 R-S 플립플롭

[표 9-1] R-S 플립플롭 진리표

| 동작상황 | 동작상태 | $S$ | $R$ | $Q$ | $\overline{Q}$ |
|---|---|---|---|---|---|
| 초기 상태 | 안정 | 0 | 0 | 0 | 1 |
| $S$ 에 1을 인가한 후 다시 0으로 만듦 | 안정 | 1 | 0 | 1 | 0 |
| | | 0 | 0 | 1 | 0 |
| $R$ 에 1을 인가한 후 다시 0으로 만듦 | 안정 | 0 | 1 | 0 | 1 |
| | | 0 | 0 | 0 | 1 |

[표 9-2] R-S 플립플롭 특성표

| $S$ | $R$ | $Q_{i+1}$ |
|---|---|---|
| 0 | 0 | $Q_i$ |
| 0 | 1 | 0 |
| 1 | 0 | 1 |
| 1 | 1 | 허용안됨 |

[그림 9-1]과 같이 기본적인 R-S 플립플롭에 클럭 신호를 추가하면 [그림 9-2]와 같은 R-S 플립플롭이 된다. 이 경우 클럭 신호가 입력될 때, 즉 클럭이 1이 될 때 $R$과 $S$값에 의해 출력 $Q$가 결정되며, $S$가 1인 경우는 $Q$가 1이 되고, $R$이 1인 경우는 $Q$가 0이 된다. 해당 플립플롭의 특성표는 [표 9-3]과 같다.

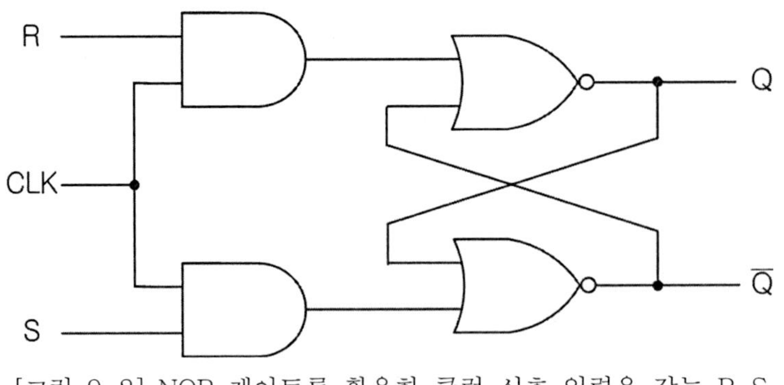


[그림 9-2] NOR 게이트를 활용한 클럭 신호 입력을 갖는 R-S 플립플롭 회로

[표 9-3] R-S 플립플롭 특성표

| $CLK$ | $S$ | $R$ | $Q_{i+1}$ |
|---|---|---|---|
| ↑ | X | X | $Q_i$ |
| ↓ | 0 | 0 | $Q_i$ |
| ↓ | 0 | 1 | 1 |
| ↓ | 1 | 0 | 0 |
| ↓ | 1 | 1 | 허용안됨 |

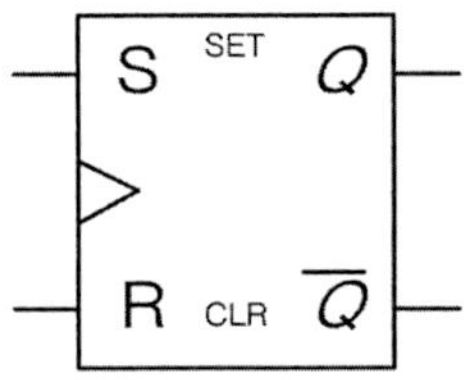


[그림 9-3] R-S 플립플롭 그래픽 심볼

## 2.2. D 플립플롭

[그림 9-4]에서 제시한 D 플립플롭은 위에서 제시한 NOR 게이트로 구현된 R-S 플립플롭이 아닌, NAND 게이트로 구현된 클럭 신호 입력을 갖는 R-S 플립플롭을 변형한 것이다. 입력 $D$는 NAND 게이트로 구현된 R-S 플립플롭에서 $S$에 해당되는 입력으로 바로 연결되고, 인버터를 통해 반전된 입력 $D$가 $R$에 해당되는 입력으로 연결된다. 따라서 입력 $D$가 1일 때 클럭 신호가 1이 되면 출력 $Q$가 1이 되고, 입력 $D$가 0이면 $Q$가 0이 된다. 해당 플립플롭의 특성표는 [표 9-4]와 같다.

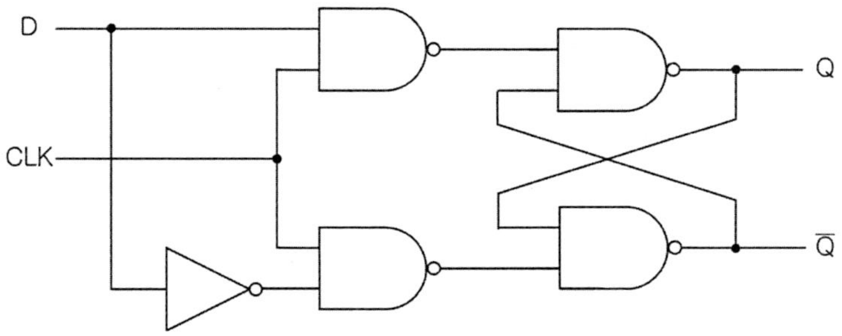


[그림 9-4] NAND 게이트를 활용한 클럭 신호 입력을 갖는 D 플립플롭 회로

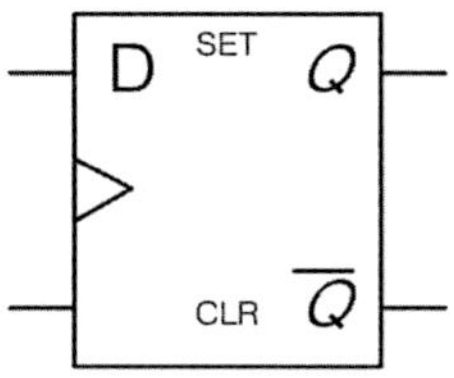


[그림 9-5] D 플립플롭 그래픽 심볼

[표 9-4] D 플립플롭 특성표

| $D$ | $Q_{i+1}$ |
|---|---|
| 0 | 0 |
| 1 | 1 |

## 2.3. J-K 플립플롭

J-K 플립플롭은 R-S 플립플롭을 좀 더 개선한 형태로 [그림 9-6]에서 J-K 플립플롭의 회로를 나타내었다.

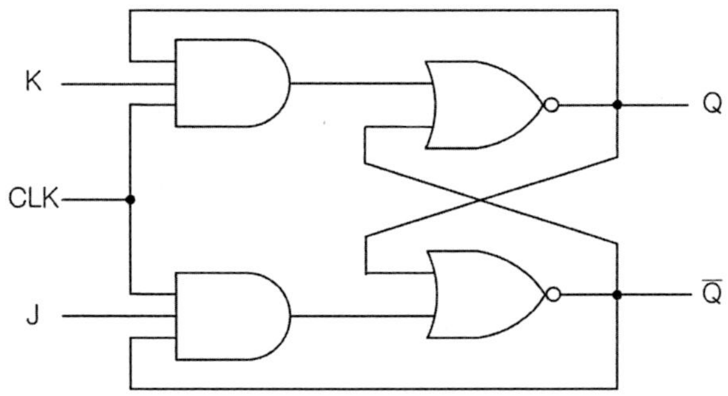


[그림 9-6] NOR와 AND 게이트를 활용한 클럭 신호 입력을 갖는 J-K 플립플롭 회로

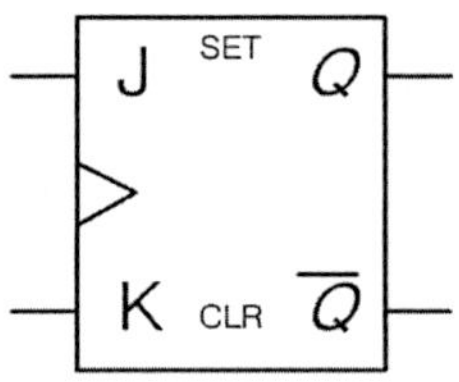


[그림 9-7] J-K 플립플롭 그래픽 심볼

[표 9-5] J-K 플립플롭 특성표

| $CLK$ | $J$ | $K$ | $Q_{i+1}$ |
|---|---|---|---|
| ↑ | X | X | $Q_i$ |
| ↓ | 0 | 0 | $Q_i$ |
| ↓ | 0 | 1 | 0 |
| ↓ | 1 | 0 | 1 |
| ↓ | 1 | 1 | $\overline{Q_i}$ |

## 2.4. Master-Slave 플립플롭

디지털 회로에서 입력 데이터를 출력측으로 전달할 때 입력에 섞인 잡음을 출력측에 나타나기 않게 하기 위해 또는 여러 상황에 따라 지연(delay)이 필요한 경우가 있다. [그림 9-8]은 이러한 지연을 갖는 master-slave J-K 플립플롭의 회로도이다. 이름에서 알 수 있는 바와 같이 첫 번째 플립플롭을 master, 두 번째 플립플롭을 slave이라고 한다. 클럭이 1일 때 master 플립플롭이 동작하여 master 플립플롭의 $Q$와 $\overline{Q}$에 값이 출력되고, 클럭이 1에서 0으로 변화되면 slave 플립플롭이 동작하여 최종 $Q$ 및 $\overline{Q}$ 값이 출력된다.

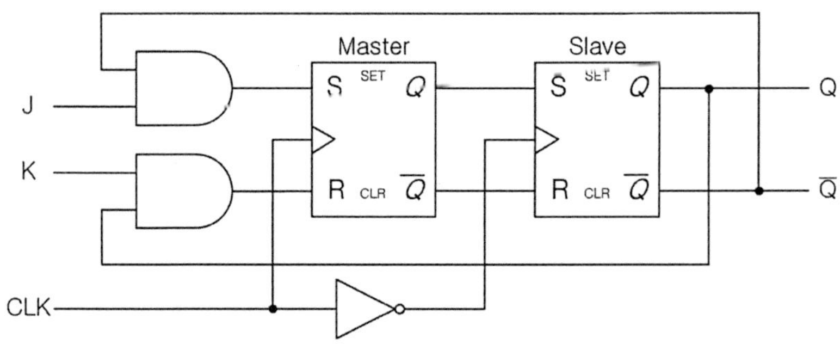


[그림 9-8] Master-slave J-K 플립플롭

## 2.5. 비동기식 카운터

일반적으로 카운터는 비동기와 동기식으로 구분된다. 비동기식 카운터의 경우, 첫 번째 플립플롭의 클럭 신호만이 외부에서 제공되고 나머지 플립플롭들은 그 이전 플립플롭의 출력을 클럭 신호로 이용한다. 반면에 동기식 카운터는 클럭 신호 입력이 외부로부터 제공되며, 모든 플립플롭의 클럭 신호 입력들이 병렬로 연결된다.

### 2.5.1. 비동기식 이진 카운터

비동기식 이진 카운터는 [그림 9-9]에 제시된 것과 같이 J-K 또는 D 플립플롭을 활용하여 구현될 수 있다. 해당 그림에서 클럭 신호 입력에 있는 "○" 표시는 인버터를 의미하고, 다음 [표 9-9]은 비동기식 이진 카운터의 출력을 나타낸 것이다.

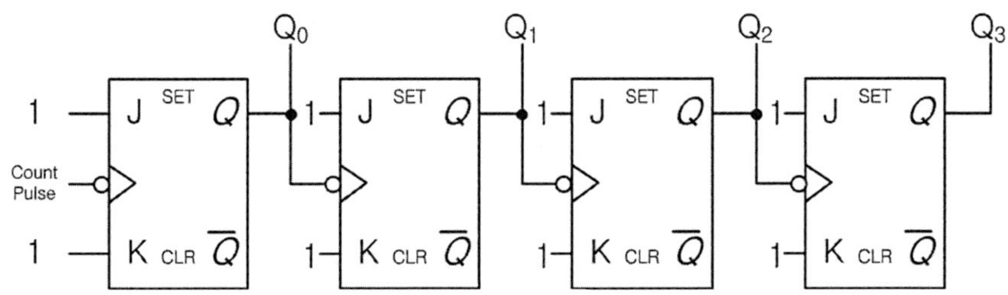


(a) J-K 플립플롭을 활용한 4 bit 비동기식 이진 카운터

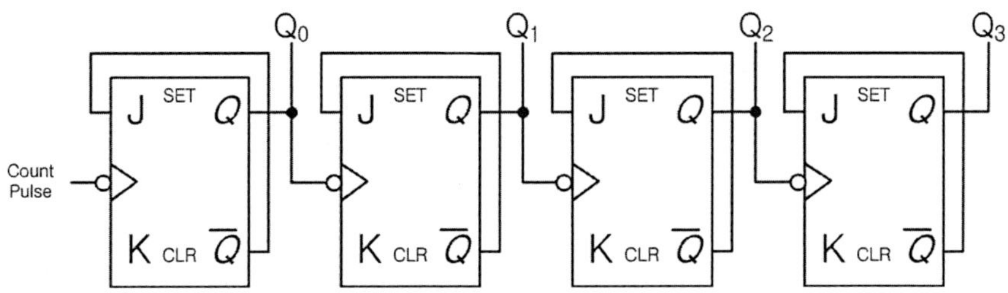


(b) D 플립플롭을 활용한 4 bit 비동기식 이진 카운터

[그림 9-9] 비동기식 이진 카운터

[표 9-6] 비동기식 이진 카운터 출력

| 십진수 | 카운터 순서 | | | |
|---|---|---|---|---|
| | *Q3* | *Q2* | *Q1* | *Qo* |
| 0 | 0 | 0 | 0 | 0 |
| 1 | 0 | 0 | 0 | 1 |
| 2 | 0 | 0 | 1 | 0 |
| 3 | 0 | 0 | 1 | 1 |
| 4 | 0 | 1 | 0 | 0 |
| 5 | 0 | 1 | 0 | 1 |
| 6 | 0 | 1 | 1 | 0 |
| 7 | 0 | 1 | 1 | 1 |
| 8 | 1 | 0 | 0 | 0 |
| 9 | 1 | 0 | 0 | 1 |
| 10 | 1 | 0 | 1 | 0 |
| 11 | 1 | 0 | 1 | 1 |
| 12 | 1 | 1 | 0 | 0 |
| 13 | 1 | 1 | 0 | 1 |
| 14 | 1 | 1 | 1 | 0 |
| 15 | 1 | 1 | 1 | 1 |

### 2.5.2. 비동기식 십진 카운터

비동기식 십진 카운터는 0부터 9까지 카운트한 다음 다시 처음으로 되돌아가는 카운터이다. 비동기식 십진 카운터의 상태 변화는 [그림 9-10(a)]와 같고, J-K 플립플롭을 활용하여 구현된 회로는 [그림 9-10(b)]에 나타내었다.

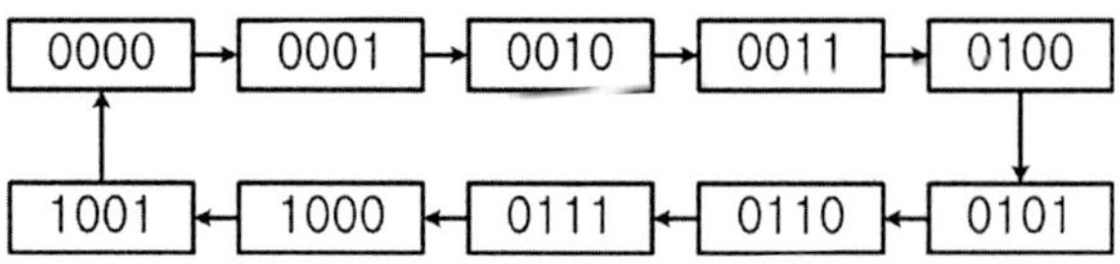


(a) 비동기식 십진 카운터의 상태 변화

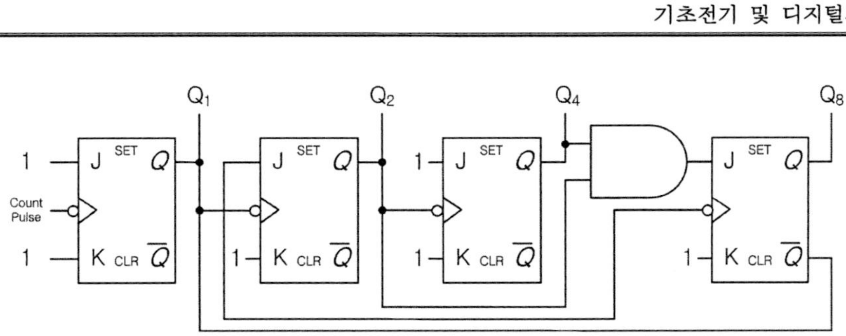


(b) J-K 플립플롭을 활용한 4-bit 비동기식 십진 카운터

[그림 9-10] 4-bit 비동기식 십진 카운터

[표 9-7] 비동기식 십진 카운터 출력

| 십진수 | 카운터 순서 | | | |
|---|---|---|---|---|
| | *Q8* | *Q4* | *Q2* | *Q1* |
| 0 | 0 | 0 | 0 | 0 |
| 1 | 0 | 0 | 0 | 1 |
| 2 | 0 | 0 | 1 | 0 |
| 3 | 0 | 0 | 1 | 1 |
| 4 | 0 | 1 | 0 | 0 |
| 5 | 0 | 1 | 0 | 1 |
| 6 | 0 | 1 | 1 | 0 |
| 7 | 0 | 1 | 1 | 1 |
| 8 | 1 | 0 | 0 | 0 |
| 9 | 1 | 0 | 0 | 1 |
| 0 | 0 | 0 | 0 | 0 |

## 2.6. 동기식 가감산(up/down) 카운터

동기식 가감산 카운터는 각 플립플롭의 클럭 신호 입력이 외부로부터 동시에 병렬로 제공된다. 가산 카운터로 동작할 때 동기식 가감산 카운터의 출력은 [표 8-1]과 동일하며, 회로는 [그림 9-11]과 같다.

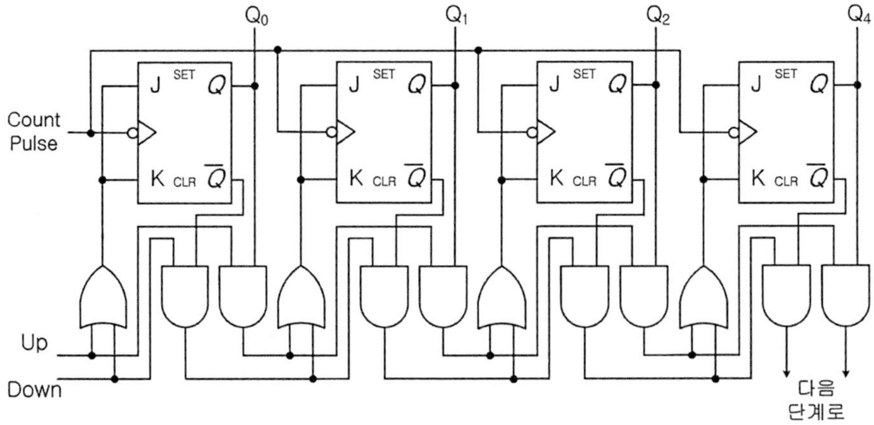


[그림 9-11] J-K 플립플롭을 활용한 4 bit 동기식 이진 카운터

## 2.7. 쉬프트 레지스터

쉬프트 레지스터(shift register)는 여러 개의 플립플롭을 내장하고 클럭 신호가 입력될 때마다 한 플립플롭에 저장되어 있는 비트 정보를 이웃한 플립플롭으로 이동할 수 있도록 플립플롭을 연결한 소자를 가리킨다. [그림 9-12]은 간단한 형태의 쉬프트 레지스터이다. 쉬프트 레지스터는 4개의 플립플롭으로 구성되어 있으며, 클럭 신호가 발생할 때마다 각 플립플롭이 저장하고 있는 비트 정보를 오른쪽에 있는 플립플롭으로 이동시킨다. 가장 왼쪽에 있는 플립플롭은 외부에서 입력되는 비트 입력 신호를 한 개씩 받아들이고 출력도 마찬가지로 오른쪽에 있는 플립플롭으로 한 비트씩 내보낸다.

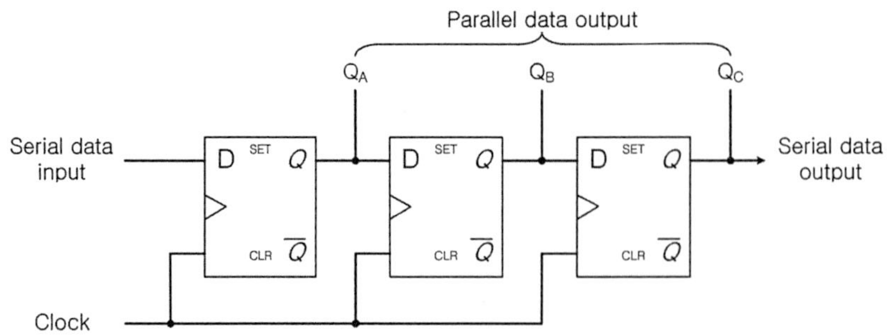


[그림 9-12] 4 비트 쉬프트 레지스터

쉬프트 레지스터는 이미 IC 형태로 구현되어있기 때문에 용이하게 사용할 수 있다. 각 IC는 저장할 수 있는 데이터의 비트 길이, 데이터 입출력 방법 그리고 쉬프트 방향으로 구별할 수 있고, 데이터 입출력 방법은 다음과 같이 4 종류가 있다.

- 병렬 입력/병렬 출력
- 병렬 입력/직렬 출력
- 직렬 입력/병렬 출력
- 직렬 입력/직렬 출력

한편, 쉬프트 방향은 다음과 같이 3 종류로 구분할 수 있다.

- 왼쪽 이동
- 오른쪽 이동
- 양방향 이동

쉬프트 레지스터는 데이터의 형태를 변환하는데 사용된다. 예를 들면 직렬 비트 형태의 데이터를 병렬 형태의 데이터로 변환하는데 사용하거나 그 반대의 경우로 사용이 가능하다. 또한 쉬프트 기능을 활용하여 곱셈 연산을 할 수 있으며, 링 카운터(ring counter)나 존슨 카운터(Johnson counter)를 만드는데 활용하여 일정한 형태를 반복하는 디지털 파형을 만드는데 사용할 수도 있다. [그림 9-13]와 같이 링 카운터는 가장 오른쪽에 있는 플립플롭의 출력을 가장 왼쪽의 플립플롭으로 궤환시키고, 존슨 카운터는 가장 오른쪽에 있는 플립플롭의 출력을 반전시켜 가장 왼쪽의 플립플롭의 입력으로 전달한다.

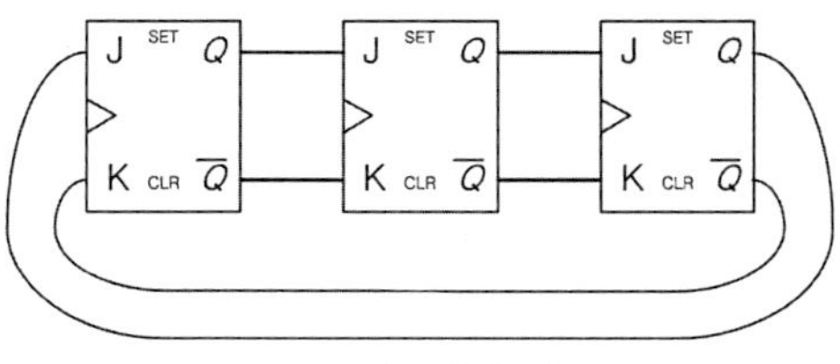

(a) 링 카운터

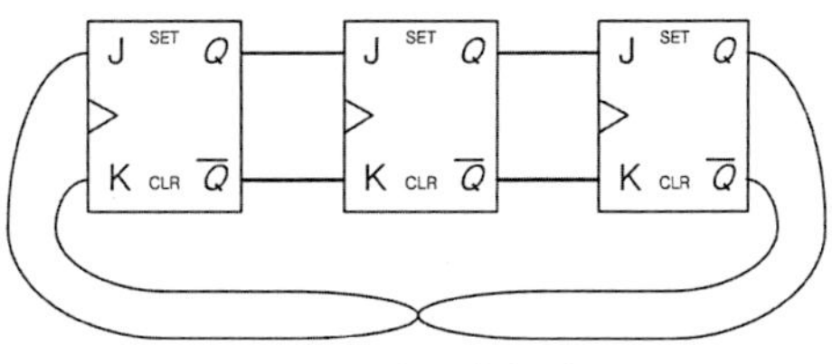

(a) 존슨 카운터

[그림 9-13] 링 카운터 및 존슨 카운터

## 3. 실험 예비 보고

3.1. NAND 게이트로 구성된 R-S 플립플롭을 설계하라.

3.2. [그림 9-2]의 회로도에 Clear 및 Preset 기능을 추가하라.

3.3. T 플립플롭에 대한 특성표는 다음과 같다. J-K 플립플롭을 활용하여 T 플립플롭을 구성하라. 아래 표에서 보는 바와 같이 $T$가 0이면 현재 출력값이 유지되고 $T$가 1이면 현재 출력값이 반전되어 출력된다.

[표 9-8] T 플립플롭 특성표

| $T$ | $Q_{i+1}$ |
|---|---|
| 0 | $Q_i$ |
| 1 | $\overline{Q_i}$ |

3.4. TTL 및 CMOS로 이루어진 IC 중 R-S, D 및 J-K 플립플롭이 있다. 이들의 제품명이 무엇인지 조사하라.

3.5. 비동기식 4 bit 이진 카운터의 타이밍도(timing diagram)를 작성하라.

3.6. 비동기식 4 bit 십진 카운터의 타이밍도를 작성하라.

3.7. 비동기식 4 bit 이진 가감산 카운터를 설계하라.

3.8. [그림 9-10(b)]와 다른 비동기식 십진 카운터를 설계하라.

3.9. D 플립플롭을 활용하여 직렬 입력/병렬 출력이 되는 4 비트 쉬프트 레지스터를 설계하시오.

3.10. J-K 플립플롭을 활용하여 병렬 입력/직렬 출력이 되는 4 비트 쉬프트 레지스터를 설계하시오.

# 4. 실험 기자재 및 부품

## 4.1. 사용기기

- 오시로스코프
- 디지털 멀티미터
- 함수발생기

## 4.2. 사용부품

- OR 게이트
- AND 게이트
- J-K 플립플롭
- D 플립플롭

# 5. 실험 방법 및 순서

5.1. J-K 플립플롭을 활용하여 [그림 9-1(a)]의 이진 카운터를 결선하라.

5.2. LED를 사용하여 [표 9-1]과 같이 동작하는지 확인하라.

5.3. D 플립플롭을 활용하여 [그림 9-1(b)]의 이진 카운터를 결선하라.

5.4. LED를 사용하여 [표 9-1]과 같이 동작하는지 확인하라.

5.5. J-K 플립플롭을 이용하여 [그림 9-2(b)]의 십진 카운터를 결선하라.

5.6. LED를 사용하여 [표 9-2]와 같이 동작하는지 확인하라.

5.7. J-K 플립플롭을 활용하여 [그림 9-3]과 같은 동기식 이진 가감산 카운터를 결선하고 LED로 동작을 확인하라.

# 실험 결과 보고서

| 실험제목 | 실험9. 플립플롭의 응용 | | | | | | | | |
|---|---|---|---|---|---|---|---|---|---|
| 학 과 | | 학 년 | | 학 번 | | 조 | | 성 명 | |

1. 실험과정 5.2의 결과를 확인하고, 이를 사진으로 첨부하시오.

2. 실험과정 5.4의 결과를 확인하고, 이를 사진으로 첨부하시오.

3. 실험과정 5.6의 결과를 확인하고, 이를 사진으로 첨부하시오.

4. 실험과정 5.7의 결과를 확인하고, 이를 사진으로 첨부하시오.

5. 실생활에 카운터가 쓰이는 장비들을 조사해 보고, 어떤 원리로 동작되는지 간단히 기술하시오.

‖ **저자약력** ‖


● 김성운

1989~1993 프랑스 파리7대학 석박사
2000~2001 미국 NIST 초빙연구원
現 한국 ITU-T SG15 의장 및 TTA PG201 프로젝트그룹 의장
現 개방형컴퓨터통신연구회 이사 및 CT/환경융합표준포럼 의장
現 부경대학교 정보통신공학과 교수

● 류지열

1989 ~ 1993 부경대학교 공과대학 전자공학과 (공학사, B.S.)
1995 ~ 1997 부경대학교 공과대학 전자공학과 (공학석사, M.S.)
2000 ~ 2004 미국 애리조나주립대학교 전기공학과 (공학박사, Ph.D.)
現 부경대학교 정보통신공학과 교수



정가 7,000원

**기초전기 및 디지털회로실험**

2013년 8월 29일 초판 인쇄
2013년 9월 4일 초판 발행
저 자 : 김 성 운 · 류 지 열
발행자 : 우 명 찬 · 송 준
발행처 : 홍릉과학출판사
주 소 : 서울시 강북구 수유5동 455-60
142-885
등 록 : 1976년 10월 21일 제5-66호
전 화 : (02)999-2274 ~ 5, 996-8341, 903-7037
팩 스 : (02)905-6729
ISBN : 979-11-5600-003-7
e-mail: hongpub@hongpub.co.kr
http://www.hongpub.co.kr

저자와의 협의하에 인지생략